U0862754

Mind Hunter

破案神探

过目不忘的超级记忆法

艾琳◎著

修订2版

中国法制出版社
CHINA LEGAL PUBLISHING HOUSE

前 言

埃米丽是一名女侦探，她表现出色，曾多次在破案行动中取得傲人战绩。在一次侦查行动中，埃米丽先是以自己美丽的外貌和独特的气质赢得了目标格雷迪先生的信任。然后埃米丽用智慧和对记忆法的熟练运用破解了对方保险箱的密码，并成功拿走了秘密文件。据资料记载，埃米丽当时已经住进了对方的家中，并早已弄清了保险箱的存放之地——格雷迪的书房内。

为了早日拿到秘密文件，埃米丽经常在夜间趁格雷迪熟睡之后行动，但好几次尝试都以失败告终。因为格雷迪的保险箱锁是拨号盘，一定要拨对了六位号码才能打开，连续失败三次就会发出警报声。所以，埃米丽每次都只敢试开两遍。

白天没事的时候，埃米丽会翻阅格雷迪的书籍或笔记本，试图从中找到密码的线索，但都没有发现任何蛛丝马迹。有一天晚上，埃米丽给格雷迪喝了一杯放了安眠药的牛奶，在格雷迪“呼呼”大睡的时候，埃米丽再次展开了行动。这一次，她没有急着去拨号码，而是站在书房里沉思了很久。

她细心地观察了书房内的所有布置和装饰，忽然注意到挂在书架顶上的一座老式摆钟。钟摆已经停止了摆动，上面的时针指着“10”，分针对着“7”，而秒针则与时针重叠，同样对着“10”，也就是说，这座摆钟上显示的时间是“10时35分50秒”。“可现在明明已经是深夜了。”埃米丽再次陷入了沉思，她低头看了看自己的表，刚好凌晨1点30分。瞬间，埃米丽恍然大悟，转身在密码盘上拨下了“103550”这串数字。但保险箱依旧没能打开。

埃米丽停了下来，她想，密码一定和这个摆钟有关，否则以格雷迪的性格，一座已经停止摆动的钟，他不会依然挂在自己的书房内。几分钟之后，埃米丽决定再试最后一次。“223550”，埃米丽在拨号盘上输入了这串数字，结果，保险箱打开了！

事实上，埃米丽使用的推断方法是记忆法的一种——数字路径记忆法。而格雷迪先生最初也是因为担心自己忘记，才在书架上挂了一座停止摆动的摆钟来提醒自己，只要一看到那上面的指针刻度，就能推算出六位密码。只是他并未想到，受过专业训练的埃米丽对该记忆法了如指掌，最终以相同的思路破解了密码。

是不是觉得很奇妙？其实，精通记忆法的破案专家们经常要应对该类问题，他们在历史上取得的伟大成就，与其无所不通的本领紧密相关。生活中总有很多人抱怨自己的忘性太大，昨天背过的资料，今天就忘得一干二净，前一秒钟还拿在手中的钥匙，却在一秒之后消失不见；有人抱怨考试总是考那些自己记不住的东西，结果成绩也总是很糟；还有人抱怨自己年龄太大，记性也跟着变差了……事实上，这些都不是问题，只不过是你还没有掌握记忆的技巧，如果你知道并学会了破案专家们的记忆法，记忆力一定会比现在好得多。

本书一共分七个部分，读者首先会对破案专家们的记忆法有一个全面而系统的了解，然后会学习到很多破案专家训练记忆力的有效方法，其间还重点介绍了感官记忆法、时间记忆法、联想记忆法、图像记忆法和著名的路径记忆法。

事实上，学习和记忆的过程就是我们借助五官接纳信息并将其储存在大脑中一个固定区域的过程。当需要的时候，我们要把它们从这个固定的地方迅速地找出来。而记忆法就是帮助我们更好更快地储存信息并在大脑中更快更准地提取信息的一种手段。相信你学会了这些方法，学习和工作将会如虎添翼，突飞猛进的进步会令你自己都感到惊讶。

目　录

第一章　破案专家记忆法的超凡潜能

记忆力是个永恒的话题，它伴随人的一生。在学习、工作和生活中，每个人都希望自己拥有人人称羡的好记性。那些破案专家“一目十行”“过目不忘”的超凡本领，着实令人羡慕不已。事实上，记忆力并不会偏爱某个智商高的人，它偏爱的是懂得记忆技巧、善于使用记忆术来提高自己、完善自我的人。那么，你知道人类的记忆系统中蕴藏着多少尚未被开发的潜能吗？知道破案专家是如何凭借其超凡的记忆术创造奇迹的吗？记忆力有哪些你不知道的秘诀？百战不殆的记忆力究竟是如何炼成的？本章将为你打开一扇了解记忆力的大门。

第二章　破案专家记忆训练法

记忆力的好坏不是生来就定性的，而是需要后天的努力。很多人也许还不知道，记忆力和我们的宠物一样需要训练，宠物只有在得到正确的引导之后才会变得更加聪明乖巧，而记忆力也只有通过不间断地训练才能变得越来越好。一套科学的记忆方法则是我们提高学习效率、提升工作质量、尽快完善自己的重要基础。在这一章中，我们会重点介绍破案专家训练记忆力的一些行之有效的方法。

第三章　破案专家感官记忆法

感官记忆术充分运用了人类五官的实际作用，如视觉、嗅觉、味觉、触觉、听觉。而在所有的感官记忆法中，我们很难单独使用某一种感官来记忆，因为人们在认识事物和学习知识的过程中，只有全方位地、全面地接触和认知，才能达到预期的目的。比如，你用眼睛看了，但是不动脑筋，那基本上是记不住的；如果你只是听到了，却没有亲眼看到，印象就不会太深刻。而触觉作为人类天生的一种感觉，与其他几种感觉系统一样具有记忆的功能，有时候还会帮助我们加深印象。那么，感官记忆术究竟是如何来完成记忆任务的呢？下面就跟破案专家一起来探索你不知道的记忆世界。

第四章 破案专家时间记忆法

所谓时间记忆术，其实就是根据记忆的时间来命名的。其中包含了好几种记忆方法，如及时记忆法、限时记忆法、过度记忆法等。哈佛特·布兰说过，对于记忆来说，最重要的是应该知道利用一天中的哪一段时间来进行记忆。所以，选对时间很重要。那么，一天中最佳的学习、记忆时间该如何选择呢？如何来加深我们对材料的印象？交替记忆法到底可不可取呢？过度学习就一定是机械式的笨方法吗？如果有可能，随时检验一下自己的记忆效果吧，这也是提升记忆力的途径之一。

第五章 破案专家联想记忆法

联想记忆法调动的是我们右脑的创造力，它要求我们在资料与资料之间加入自己的想象并建立起一定的联系，然后在脑海中产生某种画面。事实上，人的大脑总是会自动地将新信息与固有的旧信息联系起来。所以，我们可以把大脑的这种自然功能变成一种记忆术，充分发挥我们的想象力和创造力，在两个原本没有明显联系的事物之间找到联系并关联起来。你知道联想记忆法的基本原理吗？你相信自己的想象力吗？联想记忆法都有哪些比较常见而又实用的方法呢？联觉现象与联想记忆法又有何渊源呢？

第六章　破案专家图像记忆法

你还记得10年前的事情吗？或者是15年前的？也许你早已忘了10年前自己所听到的一切，却对某些画面印象深刻。人们总是会说，图像胜过千言万语。一件事情被清晰地呈现在脑海中是一个有意识的过程，或许是一个数字、一个词语或一种想法，一旦在你的大脑中形成图像，结果就是你会记得更加牢固。图像记忆法是如何运作的？需要注意什么问题？什么是图像锁链法？使用图像记忆法的诀窍在哪儿？该如何去记忆书本上的知识呢？

第七章　破案专家路径记忆法

我们在记忆大量数据的时候，要想把图像无限制地连接下去似乎不太可能，一是回忆的速度会变慢，二是中间不允许出现错误，否则后面的就全部想不起来了。而路径记忆法就不会出现这样的问题，我们可以把需要识记的材料放在一条固定的路径上建立联系，这样只要记得这条路径，那些材料的内容就会马上出现了。当然，这并不是在说图像记忆法不好，它可以用来记忆任何我们想要记忆的东西，而是指，一切记忆法的选择都需要根据识记材料而定，只有适合的才是有效的。并且，路径记忆法其实也是建立在图像记忆法的基础之上的。那么，什么是路径记忆法？我们该如何使用路径记忆法来记忆重要内容呢？

第一章

破案专家记忆法的超凡潜能

记忆力是个永恒的话题，它伴随人的一生。在学习、工作和生活中，每个人都希望自己拥有人人称羡的好记性。那些破案专家“一目十行”“过目不忘”的超凡本领，着实令人羡慕不已。事实上，记忆力并不会偏爱某个智商高的人，它偏爱的是懂得记忆技巧、善于使用记忆术来提高自己、完善自我的人。那么，你知道人类的记忆系统中蕴藏着多少尚未被开发的潜能吗？知道破案专家是如何凭借其超凡的记忆术创造奇迹的吗？记忆力有哪些你不知道的秘诀？百战不殆的记忆力究竟是如何炼成的？本章将为你打开一扇了解记忆力的大门。

第一节 破案专家的强大记忆系统

一、破案专家大脑潜能

人们经常会好奇，破案专家们究竟有何不同于凡人的本领？他们难道就是传说中的千里眼、顺风耳？或者他们根本就是天才？其实，破案专家除了具备熟练的专业技能与素质之外，还拥有常人难以企及的记忆力。破案专家大多拥有过目不忘的本领，甚至可以说他们是记忆力超人。

因为记忆力超凡，破案专家总是能够顺利地窃取情报，准确地找到目标人物出没的地点，而在各种案件的侦破过程中，他们的大脑就如一台计算机，各种各样的画面、细节、证物，长串无规律的数字、字母，甚至是嫌疑犯的姓名、长相、衣着特征等信息，破案专家在短时间内便可以牢牢记住并在关键时刻从记忆库中调出有效信息。

如此非凡的记忆力难道是天生的吗？并不是，这都是后天训练出来的。据了解，想要成为破案专家，记忆力考核是一个非常关键的环节，并且在培训那些有潜力的破案高手时，记忆力培训也是一项艰辛而又充满挑战性的课程。

记忆力是人人都具备的一种潜能。那些记忆力超强的人只不过是充分挖掘了这份潜能，而总是抱怨自己记性不好的人则还没有找到提升记忆力的有效方法。

蕴藏于人类大脑中的记忆潜能是超乎想象的，唯有通过科学的记忆规律和方法才能得以充分挖掘和发挥；并且每个人的大脑基本上都是由大概 1000 亿个细胞构成。换句话说，在你的大脑中蕴含的细胞数量和世界上最伟大的科学家、哲学家、思想家，乃至获得过诺贝尔奖的名人比起来，相差无几。但由于每个大脑细胞之间都会因外界刺激而生长出最多可达两万条树突和轴突，所以，决定记性好坏的关键并非大脑细胞的数量，而是这些脑细胞之间的联结数。

很多人将破案专家的大脑比喻成计算机，迅速、机敏、灵活，随便一搜索，有用的信息就会跳出来。其实这种说法还不够确切，因为任何一个人的大脑都比这个世界上顶级的计算机要巧妙和复杂得多。

斯坦福大学罗伯·奥斯坦教授曾说：“人类大脑细胞间的树枝状联结数，或许要比整个宇宙的原子数量还多。”假如人类能够发挥 50% 的大脑天赋才能，便能顺利学会 40 种语言，完成 36 个大学学士的必修课程，牢记大百科全书的每一页内容。爱因斯坦曾说：“人类最伟大的发现之一，是对大脑无限潜能的认知。”

大脑的潜能是无限的，不少心理学家认为，人类的大脑潜能只发挥了3%，也有其他的观点认为大脑潜能发挥了5%或9%。尽管这些说法并不一致，但有一点是可以肯定的，那就是大脑的大部分潜能尚处在休眠的状态。而世界上最聪明的人当属爱因斯坦，在他去世之后，科学家对其大脑进行了解剖，发现他是世界上使用脑细胞数量最多的人，但也仅仅使用了脑细胞的三分之一而已，而其余三分之二仍旧处于休眠状态中。因此，只要将人脑的潜能充分调动和利用起来，将会爆发出不可思议的记忆能量。

二、人类记忆力的探究

汤姆是一家汽车修理店的店长，每天他都会严格按照既定的工作日程来安排工作。十年如一日，他勤奋而真诚的工作态度得到了客户的肯定。开店20年来，他已经拥有了一大群老客户。但最近，他却因为一件小事而与客户起了争执，要知道这在20年的时间里还是头一次。

原来，上周日吉普森先生把汽车留在汤姆的店里，汤姆承诺会给他换好车轮并为其加满汽油。一周后，吉普森来取车子，却在半路上发现车子没有油了，他想一定是汤姆给忘了，就在附近的加油站重新加了油。隔日，他将这件事告诉汤姆，不料却遭到汤姆的否认，汤姆坚持认为自己给汽车加了汽油。吉普森先生反复要求他想想清楚，结果汤姆说："好吧，如果你认定了我没有给你加油，那就改天把车子开过来，我再给你加满满一箱总可以了吧！谁会在乎那一点油！"自然，两人因此闹得很不愉快。

吉普森先生没有去，因为汤姆的话令他很不舒服。又过了一个星期，汤姆在给另外一位老客户换轮胎时，忽然记起那天在给吉普森的车换好轮胎之后，自己因为急着上厕所而忘记给汽车加油，后来又有客人光顾，汤姆就完全忘记加油这回事了。

或许，类似汤姆的经历你或你的朋友都曾经历过，记忆力是各个年龄段的人都在抱怨的问题。

我完全没有印象了……

我到底把钥匙放在哪里了呢？

那天莉莉究竟说了些什么，我怎么一个字都记不起来？

我忘记了给雪儿买狗粮……

我忘了去医院复诊……

我不知道自己是不是擦过这块玻璃了……

我见过他，但忘记了他的名字……

……

以上这些记忆力问题在破案专家眼中是绝对不允许出现的，无论对于处在哪个年龄段的破案专家都一样。记忆力是一种能力，牢记各种各样的信息和线索是破案专家必备的本领。当然，并不是每一个记忆力高手都是破案专家，但破案专家必须要有超强的记忆力。

事实上，人类的记忆力要远比我们想象得好。英国前首相本杰明·迪斯雷利说过：“谎言可分为三类：一类是谎言，另一类是可恶的谎言，还有一类是数字、统计学的谎言。”而对数字和统计学的谎言，人们却常常信以为真。比如，统计数据显示，我们每个人每个月使用钥匙有150次，如果你每个月有10次忘记了钥匙放在哪里，问题看起来就有点严重了；可是，反过来看，你有 140 次都是记得钥匙的位置的。好记性的概率是 95%。

也就是说，很多人抱怨自己的记性不好，其实是没有看到成功率，而总是被那么一点的失败率吓倒了。这类统计学谎言让人们只看到 5% 的失败率而忽略了 95% 的成功率，进而认定自己的记性不好。

和“钥匙在哪里”类似的还有“忘记人的长相和名字”。或许你每天都会遇到不同的人，你记得他们各自的长相，却在见了面之后尴尬地喊不出对方的名字。一两次之后，你便会认为自己记人名的能力比较差，之后就索性不再去记人名，并为自己忘记人名而寻找借口，“我记人名的能力确实不好”“我昨晚没睡好”“最近工作太忙了”……所以，记性没有好坏之分。那么，记性与年龄有什么关系呢？

因为生理因素，人的身体状况日渐下降，记忆力可能会受到影响

而随之出现衰退现象。但是，对于大多数记性不好的人来说，年龄只是一种借口。当一个 50 岁的人抱怨说“真是岁月不饶人啊！”“年纪大了，记忆力就不如从前了”的时候，并没有想过其实 10 岁的孩子也会忘了把饭盒带回家，只不过他们不会轻易地抱怨自己记性不好而已。所以，不要用这样的口吻去抱怨自己的记性，年龄对记忆力的影响不是绝对的，只要你相信并依赖有效的记忆方法，好的记忆力会成为你最亲密的伙伴。

人类的记忆力是没有极限的。我们每个人都会做梦，而不少人都会梦见一些好几年，甚至是好几十年都不曾会面的人，而且梦中的场景却如此熟悉，与真实生活几乎一模一样。这就说明，在人脑的某一个区域势必存储着一些不会因时间而淡忘的信息，并且只要有“似曾相识”的画面出现，记忆就会像被按下了开关一样回放起来。

俄罗斯一位名为雪伦雪夫斯基的记者曾经在参加一次编辑会议时被质问：“为什么你不做笔记？”这个问题让他觉得困惑，因为不需要记，所以就不记，就是如此简单。但人们还是不明白，不记笔记难道还能记住编辑所说的话吗？但是，雪伦雪夫斯基居然将编辑的整篇演讲一字不漏地重述了一遍，其中还包括每个音调的变化。

人们也许很难相信，但他确实做到了。后来，俄国心理学家兼记忆力专家亚历山大 · 鲁瑞尔对其进行了测验和检测，并证实了雪伦雪夫斯基与其他人并没有任何不同的地方，只是他的记忆力确实很好。雪伦雪夫斯基之所以拥有如此好的记忆力，与其从小就养成的增强记忆力训练的习惯是分不开的，而随着年龄的增长，这些习惯也早已成为他的本能之一。鲁瑞尔表示，其实在心理学、医学、教育学等领域都有类似的记忆高手，他们大多从小就懂得记忆力训练的原理。

1974 年，加州心理学家兼神经生理学家马克 · 罗森斯威格教授经过多年实验得出结论，假如在一个正常人的一生中，每一秒钟都向其大脑灌输 10 种新信息，那么，这些信息的总量加起来还占据不了大脑总空间的一半。也就是说，人的记忆能力和大脑容量没有直接关系，而是与自我管理的无限容量相关。

加拿大怀特 · 潘飞教授在一次实验中意外地发现了人类记忆容量的真相。当时，怀特教授正在做研究癫痫症的实验，却在用小电极棒刺激个别脑细胞时发现患者忽然回忆起了以往的经历。而更让怀特教授感到惊讶的是，患者还特意强调了这些回忆并不仅仅是一瞬间的记起，而是再度经历了整个事件，其中还包括了气味、颜色、动作、声音等。这样的经历有发生在 40 多年前的，也有发生在实验进行前的几个小时的。

由此，怀特教授指出，在人脑中隐藏在每一个脑细胞或每一束脑细胞之中的，是一些对过往事件的真实记录，只要找到了刺激源，便可以将整个“记录”“播放”出来。基于此，我们回想一下，是否会在某个不经意的瞬间，突然想起之前所做过的事或遇到过的人？为什么会出现这种情况呢？主要是因为我们的大脑联结到了刺激源——那些熟悉的气味、颜色、动作、声音等，我们以为自己早就忘记了的东西都会在一瞬间如同潮水一般涌出来。可见，大脑一直为我们存储着这些记忆。

此外，在人的记忆力模式中还存在一种叫作照相式的记忆。这是一种可以把人们所见到的任何事物都记得非常清楚，但通常只能维持很短时间的特殊现象。虽然记忆时间短暂，但却足够让一个人在看过了一张布满 1000 个黑点的白纸之后，清晰而完整地将其复制出来。

可见，人类大脑不仅有深刻而长期的存储记忆的功能，还有即时而短暂的照相式记忆能力。相关专家指出，这种照相式记忆能力在孩童时期已经具备，并且是其心智功能的一部分，但大人们往往迫使孩子们将大部分的注意力都集中在逻辑和语言方面，对其想象力却视而不见，导致这种照相式记忆能力逐渐消失。

在破案专家记忆力训练课程中有这样一个实验。实验者给受试者播放图片,以每秒钟一张图片的速度,直到受试者看完 1000 张图片为止;随后，实验者从别处找来 100 张没有出现过的图片混在播放过的 1000 张图片之中，然后要求受试者把自己刚才没有看过的图片找出来。

在这个实验过程中，受试者们对自己的正常记忆力都有不同程度的评价，而在实际测试的过程中，几乎每个人都能够准确地挑出没有见到的图片。受试者对图片出现的顺序未必都能清楚地记得，但却对图案记忆犹新。换句话说，在日常的人际交往中，人们总是擅长记住长相而不是名字。当然，这一点完全可以通过后天的记忆力训练得到改善。

第二节　破案专家带你了解记忆的秘密

一、关于记忆的常见类型

1. 短期记忆。短期记忆对信息的存储时间较短，信息的存储量也比较有限。破案专家发现，记忆是通过感官将一些信息发送到大脑中的，而人们的意识似乎只允许那些有需要的信息通过，其他的不甚紧要的便都被过滤掉了。比如，当你在工作时，外面的一切声音都不能成为你记忆的重点，而当你放下手上的工作休息的中途，你便会听见窗外的一些嘈杂声，但当你再次投入工作时，那些嘈杂声又会渐渐远去。之所以会这样，是因为记忆的过滤功能，它会让我们的思维在某些时刻免受无关信息的干扰。

短期记忆的容量被人们称为记忆广度，通常认为短期记忆的容量大约是 7 个单元。简单地说就是，如果你记住了 7 个人的信息，那么，再多出一个人或更多的话，你就会出现记不住的现象了。1956 年，美国心理学家 G. 米勒在其论文《神奇数 7 加减 2：我们加工信息的能力的某种限制》中阐述了关于复述 3 位到 12 位随机排列数字表的实验。结果发现，当信息一次性呈现之后，参加实验的人员能够回忆出来的最大的记忆广度在 5 到 9 之间，即“7 加减 2”个单元。此外，儿童的记忆广度一般为“4 加减 1”个单元。

当然，记忆广度并非一成不变，它还与记忆内容的性质、人们对记忆内容的编码加工的程度有一定关系。譬如，记忆内容比较有实际意义（如电话号码、通信地址等）、联络频繁、比较熟识等，记忆广度便会增加。

但是，短期记忆的信息量持续的时间很短暂。比如，你可能在两分钟之前还记得甲的电话号码，而在紧接着记住了乙的号码之后，甲的就完全忘记了。因此，短期记忆在有新的信息插入时会被其取代，此时如果不及时复习，之前的信息就会被很快遗忘并且无法恢复。在实际生活中，打字员在键盘上敲字，翻译官快速翻译等，都是通过短期记忆来完成工作的，因为之后没有保持记忆的必要，所以短期记忆会很快消失。

2. 长期记忆。和短期记忆比起来，长期记忆保持信息的时间更长，容纳的信息量也更大。在短期记忆的基础上，如果对先前的记忆信息进行回顾和复述，便可对其加以强化，使之更加清晰和稳定，并有可能转入长期记忆。长期记忆可以帮助我们回想起或再认出几个小时之前、几天之前，甚至是好几年之前所获得的信息。通常长期记忆可分为内隐记忆和外显记忆，而外显记忆还可以分为程序性记忆和陈述性记忆两种。

程序性记忆是一种关于如何做某件事的记忆，如我们懂得如何骑脚踏车、开车、吃饭等；这些行为一旦学会，就不需要我们再去有意识地回顾相关姿态和动作了。陈述性记忆是一种关于某些具体事件和具体情形的记忆，如曾经去过的地方、吃过的最好吃的牛排餐厅、哥伦布在哪一年发现了新大陆等。这类记忆一般都是经历过的或学过的东西，在被提及时需要有意识地回忆，并且能够通过口头形式陈述出来。前者又叫情景记忆，后者又叫语义记忆。

而在短期记忆转入长期记忆之间，复述是关键。

复述其实也就是巩固的过程。所谓巩固，就是基于时间前提的、使信息在记忆中获得永久性记录的一个过程。事实上，信息是以编码的形式进入我们的大脑中的。几种比较常见的编码形式是声码、形码和意码，声码就是信息的读声，如翻译工作者边听边翻译；形码是指信息转换成了某种形象，如将需要记忆的单词想象成一只可爱的鸭子；

意码即一些有意义的联系，如你刚结识的朋友的胳膊上有一颗与你的同桌长在同样位置的黑痣。破案专家发现，将短期记忆转入长期记忆，比较有用的方法有编码法和复述法。

编码法。长期记忆主要是以意码为主，那些比较有意义的信息内容就很容易形成长期记忆。那么，如何使短期记忆变得有意义呢？答案是寻找新信息与旧知识之间的联系，当两者产生联系，新信息便被赋予了意义。假如实在无法在两者之间找到联系，不妨采用联想法赋予新信息意义。

复述法。德国心理学家艾宾浩斯经过研究发现，大多数人的记忆力水平都不高，刚刚阅读过的文字内容，几十分钟之后就已经遗忘了40%，第二天记得的内容也只有30%，以后遗忘的速度逐渐变慢，一个月之后就只记得其中20%的内容了。因此，记忆当天是关键，假如能够在9小时之内对之前吸收过的信息加以复习，便可以有效增加长期记忆的容量。

3. 自传性记忆。破案专家发现，人们总是会自主性地保留着自己实际经历过的事件的记忆。而有些时候，这些记忆并非只是简单地由事件组成，还需要由一般性地回忆导入并加以确认。比如，事件发生在哪个年龄段，哪个季节，具体是何事，有哪些人参与等，即记忆的重组。只有集中注意力才能确保回忆的顺畅，但有时候也会出现记忆误差或扭曲。

也就是说，在自传性记忆中，主要以情景记忆和语义记忆为主。而年龄在自传性记忆中则扮演着比较重要的角色，除却特殊情况之外，情景记忆历时越久，便越难以被真实地存储。通常情况下，人在10

岁至30岁的记忆生动而丰富，而在40岁之后，这些记忆占据回忆的大部分内容，被称为“记忆重生的顶峰”。年龄影响我们对情景记忆的真实回忆，但对语义记忆并没有不利影响，如衰老后我们依旧会记得自己的个人信息以及周围人的名字；但却不利于对某些特殊事件的回顾。

4. 前瞻性记忆。前瞻性记忆带有一定的计划性和未来性，如日程表和计划表等。人们常常会在某件事尚未发生时提醒自己将要采取的行动、应该完成的时间和开始实施的最佳时间点。譬如，今天晚上临睡前，你会提醒自己第二天需要完成的任务：“明天下午三点召开会议”“明晚十一点整赶飞机”“下班回来的路上记得顺便去超市”“记得在超市买面包回家”……

如果仅仅是在大脑中运转或进行心理强调，这属于内部提醒线索；但实际上，人们更愿意将它们抄在纸条上，因为大脑实在难以准确无误地记下来，这就由内部线索转变成了外部线索。包括有时候，我们在经过超市门口时，这一简单的事实也足以帮助我们建立外部线索。

5. 元记忆。元记忆其实是对记忆过程与内容本身的认知和控制，也就是关于记忆的一些知识。譬如，一个人对自己的记忆能力、局限性、困难之处和记忆方法的了解程度越深，就表示他的元记忆水平越高。元记忆水平高的人在记忆的过程中知道如何更高效率地掌握好某些信息，知道怎样存储信息以及如何将信息重新找回来。例如，你想确定小学毕业照上站在第三排右数第一位男孩的名字，因为时间过去太久，你几乎忘记了全班大部分同学的名字，此时，元记忆会告诉你有没有可能确定该男生的名字以及该从哪里下手。假如没有元记忆，你所有的努力几乎都要白费。也就是说，元记忆告诉我们当前的记忆能力，总是参与着我们的决策，提醒我们哪些策略会使记忆更加有效率，帮助改善我们在获得信息和回忆信息方面的能力。

二、人们为什么会遗忘

遗忘现象很普遍，即使人类的大脑容量无穷尽，也并不意味着它能确保任何信息都处于长期记忆的系统中。其实遗忘，就是人们对曾经记忆过的东西无法识别出来，或者是错误地识别和回忆。

专家研究发现，当某一部分记忆与另外一部分类似时，人们就会逐渐遗忘旧的信息而记住一些更新的信息。专家曾向受试者出示了 2800 幅带有日常物品的图片，每幅图片大约展示 3 秒；接着再出示 200 幅印有类似图案的图片，要求受试者指出哪些图片在刚才的展示中没有见到过。这项实验原本是想测试受试者对细节的记忆力，要求受试者指出看到过的那张印有面包的图片上撒的是芝麻还是罂粟子。

结果发现，如果首先要求受试者观看类型单一的不同物品，如同种类型的相机，受试者能够顺利记住其中 78% 的图片；但是当被要求观看很多类型相似的物品时，如外形不同的杯子、款式不一的微波炉等，实验人员发现，受试者很快就忘记了那些带有标志性的细节只能记住其中 64% 的图片。

人们或许已经发现，很多时候明明很熟悉的人或字，记忆却在某一瞬间空白了，然后就什么都记不起来了，而当几分钟过去，记忆却又自己浮现出来；更加令人费解的是，在这种记忆空白尚未恢复之前，如果我们有了一个新的思路或者是找到了与之有联系的东西时，空白也会马上消失。这并非个别现象，很多人甚至是每个人在其一生中都会遇到，在心理学中称为“舌尖现象”。破案专家们专门针对该现象进行了潜心研究，发现这种记忆暂时缺失、头脑堵塞是因为缺少了必要的能够使人回想起来的暗示，于是，某个词或字便会堵在大脑中。

有些时候，我们的记忆是以一种比较相似的模式在运作，虽然很清楚自己对哪些内容有记忆，但却在需要回忆的时候死活都想不起来；而如果此时答案以选项的形式出现，我们就能很快准确地记起。这主要是因为，选项帮助我们有效地提醒和整理了大脑中混乱的记忆。

除此之外，我们在日常生活中遭遇到的遗忘现象有些属于选择性遗忘。这是一种正常记忆现象，如果你一天接收到的信息是 100% 的话，那么正常记忆基本上要消除其中的 90% 到 95%，而只保留了比较重要的信息。破案专家认为，这是一种积极遗忘，因为人们没有必要记住生活中的每一件事情和每一个细节，即便遗忘有时使人非常懊恼，但它却是下一个记忆的开始。

2007 年，哥伦比亚大学的研究者提出，基因变异的老鼠是不能在其海马体（人脑中存储记忆的区域）中生出新的神经元的，但它们却比那些可以创造出新的神经元的普通的、正常的老鼠拥有更好的记忆力。换句话说，大脑在接受新信息时并不需要新的神经元，而只要在已有的神经元中创建新的联结方式就可以了。不过，记忆储存还是要依靠大脑生出新的神经元的能力，而改变老鼠基因的方式是为其迅速接收新的信息奠定了基础，因为没有了之前的记忆基础，就不会出现记忆混淆的现象。

破案专家还发现，人们之所以会遗忘，很大一部分原因在于人们自身对信息的拒绝。一个人不可能在完全封闭的环境中去做某件事情，如房间中不可能只有你一个人在看书，办公室中也不可能只有你自己在上班，哪怕以上条件成立，那些不和谐的噪声依旧能够传进你的耳朵内，时不时地参与你的记忆工作。

简单地说就是，注意力总是被分散着，你无法持续地完全集中注意力到当前正在做的事情上来，因而就导致某些信息根本没有进入你的记忆库中去。而有些时候，我们则是有意要拒绝某些信息，因为在时下信息爆炸的时代，人们的记忆系统会指出哪些信息是重要的，一旦被确定为目标，人们的注意力就会集中起来，并拒绝其他无关紧要的信息进来干扰。

遗忘现象是有规律可循的。首次提出遗忘规律的人是德国心理学家艾宾浩斯，他选择使用一些没有实在意义的音节，如 ajnmk、

oijrw、ebcv 等，并把这些词作为记忆的对象。在这个实验中，艾宾浩斯自己就是被试者，他将那些无意义的音节分成八组，一组有 8 个音节，大约 1000 秒之后，艾宾浩斯记下了全部的音节。

而 20 分钟之后，艾宾浩斯又花了 420 秒的时间将之前记忆的内容都重复了一遍，时间缩短了 58%，而与此相反的是遗忘率为 42%。也就是说，在刚刚记忆完毕那些音节时，艾宾浩斯的记忆量是 100%；20 分钟之后，记忆量下降为 58%；一个小时后记忆量是 44%；9 个小时以后记忆量变为 36%；一天之后记忆量下降为 34%；两天之后记忆量是 28%；8 天后是 26%；一个月以后的记忆量为 21%。

由此可见，遗忘的进程并不是匀速的，而是在记忆刚刚结束的最初一段时间内，遗忘的速度最快，之后就渐渐变慢了，直到一个月之后，人们能够回想起来的内容便只有 21% 了。所以说，遗忘现象并不是杂乱无规律可循的，只要我们了解了它，就完全可以找到提高记忆力的方法，使记忆过的内容在大脑中保持得更久。当然，在这个实验中，影响遗忘进程的因素并非只有时间，还包括识记内容的性质、意义等，还有当事人记忆时的生理与心理因素。

根据艾宾浩斯遗忘规律，人们之所以会在不同阶段中出现遗忘，是因为对信息缺乏必要的重复。我们都有这样的经验，如果某件事被不断地重复，它存在于记忆中的时间就会被延长，甚至形成长期记忆。当然，一种信息不可能被一直重复或加工，当它在我们的记忆中逐渐消退后，阅读相关信息材料又会使我们一点点地记起它。

这种现象最常见于教学和学习中，读书时语文老师通常都会让我们反复背诵一篇课文，甚至是死记硬背地机械式记忆。神奇的是，这些在早年“死记硬背”下来的文章在多年之后似乎依然存在于我们的大脑中，只需重温一遍，记忆便会恢复过来。事实上，即便是机械式的记忆也有其规律可循，这种机械式记忆是建立在足够的重复次数的基础之上的，并且被赋予了一定的联想意义。所以，当重复的次数不够，又没有恰当的联想意义记忆，遗忘自然就在情理之中了。

第三节　那些你不知道的记忆秘诀

记忆是伟大的，但记忆似乎又是脆弱的，现实生活中很多人都在抱怨着记忆力减退，或者是记忆力不足以应付当前的生活、学习或工作压力……事实上，生活中影响记忆力的因素有很多。一个人的记忆力与其生活方式确实是存在一定关联的，如年龄、身体、饮食、心理等。

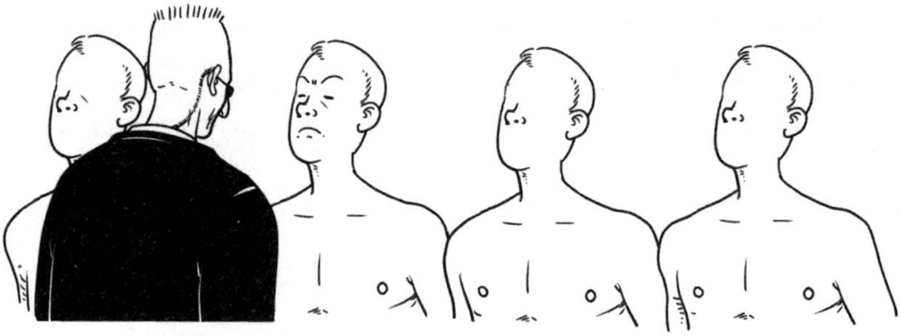

一、年龄影响记忆力吗

一直以来，人们普遍认为记忆力是随着年龄的增长而逐渐减弱的。那些上了年纪的人总是会感叹自己的记忆力不如从前，而年轻人却很少会在遗忘时这样感叹。比如，两个同样有丢三落四习惯的人，一个是年轻人，一个是60岁的老婆婆，前者会认为丢三落四是自己的习惯，而后者则将自己丢三落四的习惯归因于上了年纪。

美国一名学者曾经在加州医学院图书馆里的参考书研究室工作，在多年之前，她可以凭借自己超凡的记忆力随意指出参考书中某一章节里的具体细节，甚至可以将研究室里几乎所有的书都倒背如流。而在她84岁的时候，她开始认为自己老了，发觉记忆力在逐渐下降，时常忘记和他人约定的见面时间，或者是要去哪里与人会面等。

科学家马里昂·佩尔姆特一直潜心研究老年人记忆，发现六旬以上的人的回忆和认知能力与20年之前相比要差，但记忆和认知事实的效果又会比更年老的人要好。这一研究结论再次证实了记忆与年龄之间的重要联系。

调查显示，有大概1/3的老年人对在生活中接触到的人名和事物的记忆与20岁的年轻人同样好。也就是说，记忆力随年龄增长而减退这件事未必是不可避免的。

破案专家认为，记忆会随着年龄的增长而变化，因为大脑在不同的年龄段有不同的发育状态，而最先随着年龄开始退化的部分是大脑中最后才发育完全的前叶。研究发现，人类记忆力在16～23岁正值记忆高峰阶段，记忆错误率最低。意识到记忆力随着年龄的增长而出现下降很正常，此时，永久记忆会有更大的概率得到提高，但短期记忆却会呈现出大不如前的情况。

再加上身体因素、视力、听力衰退等，形成对信息有效摄入的障碍，影响了人们的记忆力。即使如此，如果传授给老年人一些记忆策略，他们还是能够非常有效地加以运用的。譬如，老年人可以经常做一些益智类游戏，培养各种爱好，以此来锻炼大脑的灵活度，预防记忆力下降。

那么，中老年人记忆力下降真的是无法改变的事实吗？研究发现，老年人或许很容易记住昨天晚上或今天早晨发生的事情，但假如问及10天之前的某件事情，他们就未必会记得了。但是，老年人却对童年时期的事情记忆深刻，尤其是寄托了深厚感情或特别有趣的事，当然也包括一些惊悚事件，这些对于老年人来说，是一辈子的记忆。此外，一些年龄较大的人或许还可以记得家庭每一次庆祝重要事件而举办的宴会及其具体日期，但却时常忘记关客厅的灯，或者经常在锁门后发现没拿钥匙。

20世纪70年代，破案专家们通过不断地研究得出结论，一个年近七旬的老年人如果坚持学习和研究，他（她）的记忆力要比一个四十几岁、不善于思考和智力训练的人更好。同时，他们的研究还发现，那些坚持阅读与研究习惯的成年人的智力活跃，要比那些智力不旺盛的成年人更容易记住他们阅读过和记忆过的东西。

哥伦比亚大学的斯莫尔博士曾采用磁共振系统进行年龄与记忆的深入研究，结果发现老年痴呆是神经联结出现障碍导致的后果，并非真正的神经细胞死亡所致。那些脑萎缩患者的大脑细胞数量保持相对不变，神经末梢障碍是由神经递质短缺引起的；注射多巴胺代用品可以缓解这种情况，记忆力可以得到明显增强。但利用药物治疗来改变记忆力减退问题还不能从根本上解决问题，破案专家认为最科学的方式还是，积极运用记忆策略或记忆术，经常用脑，保持大脑活跃。

二、健康与记忆力成正比吗

不少人认为重要的事情会比不重要的事情更容易令人记忆深刻。事实并非如此，记忆生物学已经通过大量事实证明，人的大脑储存某件事情是由人体生理学体系决定的。加拿大心理学家佛如斯·克莱克经过实验研究指出，健康是保持良好记忆力的基础，那些身体健康的人记忆力退化的速度不会像人们想象得迅速。

而所谓的健康，不仅是身体方面，还包括心理健康。其实，只要我们在日常生活中遵照一定的规律生活，身体基本上都是健康的；而心理上的健康则主要是避免过度压力。破案专家认为，疾病严重影响着人的记忆力。当身体感到不适，人就很难保持最佳的状态，注意力分散，甚至出现大脑紊乱和大脑损伤。此外，良好的记忆也要以健康的心态为基础。压力过大、劳累过度、焦虑、忧郁等心理都应该尽力避开。总之，强健的体魄和健康的心理才是记忆力最主要的根基。专家建议，酒精、毒品、药品等是人类记忆力最大的敌人，要想拥有好的记忆力，就要尽力远离它们。

三、饮食也能影响记忆吗

健康而均衡的饮食是机体良好运行的保障，大脑也同样需要一些特殊的物质来保证其正常“转动”，其中很大一部分都来自食物。破案专家认为，截至目前，虽然没有所谓的增强记忆力的具体食谱，但遵循一定的饮食习惯和规则，同样能够在很大程度上提升记忆能力。科学家指出，人的大脑需要消耗大量糖类，而这些糖类是由血液输送的，所以为了保证大脑的正常需求，我们有必要关注自身的循环系统，避开那些不健康的饮食习惯和生活方式。

破案专家发现，如果缺乏某种饮食摄入，同样会导致大脑得不到需要的营养，致使注意力难以集中，从而影响记忆能力，如蛋白质、维生素、纤维等。我们在生活中为什么一定要重视三餐，就是因为它们维持了蛋白质、脂肪和碳水化合物之间的均衡，保证我们对维生素、矿物质以及纤维的充分摄取。

专家建议，每天至少有一顿包括肉类、蛋类、鱼类、蔬果；多食用富含钙元素的食物，如奶制品；每天摄入的水量不低于 1.5 升，千万不要等到口渴了才想到喝水。

事实上，蛋白质是大脑神经递质的重要维护者，当你摄取的蛋白质被消化分解成组成神经递质的氨基酸分子，大脑才能顺利地保持最佳状态。在日常的工作生活中，尤其是脑力劳动者，他们需要在工作中时刻保持清醒的大脑和最佳的工作状态。但午后的时光总是很容易让人们昏昏欲睡，为此，专家指出，要想在午后保持最佳的大脑效率，不妨尝试食用只含有蛋白质的食物，如那些低脂肪的鱼类、瘦肉等。

而最为有效的方法还是饮食均衡，食物中既有蛋白质也有脂肪，包括少许的碳水化合物与热量。假如某种食物中混合着蛋白质和碳水化合物的话，最好是先吃 1/3 左右的蛋白质，否则，首先摄取的碳水化合物会使大脑变得迟钝——虽然碳水化合物先于蛋白质摄入会影响我们的专注力，但它其实也是大脑必不可少的能量来源之一。

除了蛋白质之外，大脑的运转还需要脂肪。多伦多大学营养学副教授卡罗尔·格林伍德博士曾组织了这样一个实验，他们分别用三种不同的食物喂养三种动物，第一组是用富含大豆油不饱和脂肪的食物喂养，第二组喂养的食物中富含猪油饱和脂肪，第三组食物则是比较标准的伙食搭配，是用来作为基准的一组。

结果 21 天之后，研究人员测试动物们的学习能力，发现第一组动物比其他两组快 20% 左右，并且不会轻易忘记所学的东西。大脑需要源自食物的脂肪，为大脑组成脑细胞提供天然原料，而该实验证明，并不是脂肪摄入得越多就越好，而是要看脂肪的质量。高质量的脂肪有助于大脑记忆能力的提升，如由大豆、葵花、橄榄等榨取的富含不饱和脂肪的油，还包括鱼类、肉类、坚果、奶制品等食物之中富含的脂肪等。

当然，脂肪在人体内的新陈代谢比较缓慢，不宜过多摄入。在这个过程中，血液会从其他的器官流入胃部，此时大脑中的血流量便会随之减少，与摄取了过多碳水化合物一样，人脑会陷入昏昏欲睡的状态，甚至导致注意力减退。因此，平日里饮食需以低脂肪为主，这样不仅易于消化，而且能够保持动脉健康，使头脑清醒，注意力易于集中。

破案专家研究发现，大脑亟须的能量如果出现紊乱，将直接影响到记忆力。即便在大脑休息时也同样要消耗掉人体摄入的食物能量与氧气的 20%，而婴儿甚至要消耗接近 60% 的能量，因此，大脑其实无时无刻不需要能量的供给。

此外，作为日常生活中备受人们喜爱的提神饮品——咖啡，也有人将其视为提升记忆力的能手。美国夏洛特市北卡罗来纳大学通过实验研究发现，一杯咖啡中富含的咖啡因能够影响人们在学习新知识方面的记忆能力。而马萨诸塞理工学院的另一项研究指出，咖啡因在很多指标上都表现出具有促进大脑表现的功能。

这两份研究结果虽然完全相反，但专家指出，咖啡因既可以刺激大脑，同时也大大减少了人脑里的血液流动，所以咖啡可用于治疗偏头痛，帮助收缩大脑中扩张的血管。也就是说，咖啡确实可以帮助人们振奋精神。并且最长可以维持六个小时的时间。但如果过量摄取，便会对人体产生副作用，严重时可导致失眠、头痛、胃部不适、神经过敏等症状。所以适量饮用咖啡对记忆力和注意力都会有一定的帮助。

英国科学家做过这样一个实验，他们让一些学生在下午饮用高葡萄糖饮料，结果学生们的课堂注意力得到大幅提升，在解决难度较高的问题时成功率也得以提高。该实验发现高葡萄糖食品有助于大脑专注力的提高。甚至有人认为，既然如此，那就给需要用脑的人多吃些高糖的食品吧！事实上，任何事情都要讲究适度，而且已经有实验证明，高糖饮食容易造成过度兴奋和学习能力降低。

四、心情如何影响记忆力

人的记忆力不仅与身体状况有关，还与心情息息相关。生活中很多人都有这样的切身感受，如果身体疲倦或情绪低落，往往很难集中注意力去做事，而人脑对那些没有充分注意到的东西是不会有很深的印象的。因此，除了要以健康的身体作为根基之外，心情和情绪也是至关重要的因素。那么，不良情绪究竟是如何影响我们的记忆力的呢？

诸如悲观、失落、忧郁等不良情绪总是能够成功左右人们的记忆能力。情绪失落时，你或许根本不会留意到身边的人和事，甚至还会忘记了当天的重要行程，因为当时的你觉得它们对你来说实在没有多大的意义，这是失去记忆动机的表现；另外，你的注意力和心思其实早已内在化了，一切外在的事物或人都很难使你集中精力；当你情绪低落时，也会把那些被你遗忘的事情视为记忆力下降的征兆。

不良情绪有可能发展成为抑郁症。抑郁症常见的症状有食欲减退、身体疲倦、失眠、焦虑、恐惧、深感绝望和无助、忧虑不安、易怒、记忆困难等，严重时还可导致自杀倾向。

事实上，人们都不会任由自己的消极情绪肆意发展。老李退休之后便经常出现失眠现象，健忘、易怒、暴躁，还常常感到忧伤，沉浸在以往的“英勇事迹”中难以自拔。久而久之，老李变得孤僻、倔强，不愿与身边的任何人打交道。后来，老李的太太了解到丈夫的情况属于“离退休综合征”，便按照心理医生的建议，鼓励老李参加乡镇的志愿者活动，老李还当起了队长。这让老李渐渐找回了自信和存在感，前段时间的悲观、低落情绪一扫而光，整个人看起来神采奕奕，记忆力也得到了很大改善，不再健忘。

可见，情绪和记忆力的联系十分紧密，要想改变那个记忆力不佳的自己，可以先从改变情绪开始。一个长期心情不佳的人，很容易出现生理反应链的错乱现象，致使大脑中主要负责获取和更新记忆的神经递质失去平衡，进而造成记忆力减退，尤其是短期记忆衰退。这类人要想恢复记忆力，就要想办法解决问题，破案专家建议，要让大脑恢复到正常的化学物质平衡，只有这样才能有效改善情绪低落等负面情绪。

一种好的精神状态会使记忆力增强很多，如果不想一直沉浸在忧伤的情绪状态中，不妨尝试着改变自己的行为，通过改变生理状态的方式来改变心理状态，此时再去回忆一些积极事件，便很容易了。破案专家认为，快乐的情绪是快乐记忆恢复的一个重要因素，也就是说，在相同的环境或相同的情绪状态中的事情，会很容易被记起。

美国著名的心灵导师迪帕克·乔普拉在其《精神疗法和完美健康》一书里也指出，人的思想和情绪会对神经化学物质产生作用，在分子量子层面，人体已经不再是一具骨、肉的架子，而是能量的流动，人的意识与身体的化学构成之间有相当紧密的直接性联系。比如，我们可以借助视觉想象来缓解躁动的情绪，可以通过芬芳的气味来放松神经等。

而乔普拉就是利用嗅觉来给患者治病的。他认为人的嗅觉与大脑之间有非常直接的关系，因为下丘脑的嗅觉接收器是一组影响记忆、感情、体温、食欲等的细胞。换句话说，要想治疗心理问题，就需要首先进行生理方面的治疗，而要想增强记忆力，情绪和身体健康一样值得人们重视。

第四节　百战不殆记忆术炼成法

拥有超常记忆力的人总是让我们羡慕不已，记忆力达人们过目不忘的本领似乎让很多人都相信：有些人要比另外一些人更加有记忆的天分。但事实证明，再超常的记忆力也需要记忆技巧，世界上并没有天生记忆力超强而后天又不需要训练的人。

神经心理学家亚历山大·卢里亚从1920年开始，一直对所罗门·维尼阿曼·T. 进行跟踪调查。当时的维尼阿曼还是一个没有任何天分的播报员。但在后来持续地跟踪中，卢里亚发现维尼阿曼在短短的几分钟之内就可以记住一串长长的数字和字母单词，而且在几年之后还可以完整复述。

进一步研究之后，卢里亚发现维尼阿曼除了具备特殊的记忆天赋之外，他还运用了一系列记忆技巧。譬如，维尼阿曼会把每一个需要记忆的单词和某条路径结合起来，第一个单词与床联系起来，第二个单词和门联系起来，第三个单词和门前的栅栏联系起来……虽然不是每一次都能够成功，但这种记忆方法确实为维尼阿曼节省了许多时间和精力。

实际上，他所运用的是联想记忆法，每个单词的形式或发音最终都变成了脑海中不可磨灭的“形象”。换句话说，维尼阿曼运用联想记忆法形成了长期记忆。而为了忘记，他也会将这些词想象成在一块黑板上，然后再努力将它们擦去。

日本官员黑地阿齐·托莫友日用许多个节假日以及平时休息的时间，终于记住了数学中的“π”小数点后4000位数字。后来，这一纪录被另外一个日本人以小数点后42195位数字的成绩打破了。到了1999年，来自马来西亚的西姆·伯罕则又以小数点后67053位数字的成绩再次打破了纪录。

2003年的某天，印度心理学家拉奥偶然得知，在《吉尼斯世界纪录大全》上有“一次性说出自己见到过的57样不同的物品”的记录。于是，在接下来的两年内，拉奥每天坚持进行刻苦训练，最终打破了这项纪录——“一次性列举出100样他见过的物品”，成功地创造了新的吉尼斯纪录，从而成为世界上记忆力最强的人。

可见，不管是日本官员黑地阿齐·托莫友日，还是拉奥，他们都并非天生的记忆力强人，而是经过后天的训练而成的。

美国自由记者乔舒亚·福尔于2005年在美国纽约曼哈顿的一间演播室内观看“美国记忆冠军赛”。那里是记忆高手云集的地方，福尔看到他们在极短的时间内记住了大量根本无规律可循的数字，以及长达好几页的诗文，甚至还有人能在几分钟之内牢牢记住数十个陌生人的名字，在一个小时以内记下上千个随机数字……这些深深震撼着福尔。

比赛结束之后，福尔还要完成自己的采访任务，当然，这已经不仅仅是任务了，更是他自己充满了兴趣的领域。于是，他找到了“记忆高手”之一埃德·库克。库克时年24岁，他可以在短时间内轻松地记住252个随机数字，并背诵英国17世纪诗人约翰·弥尔顿的《失乐园》，正在法国巴黎大学攻读认知学博士学位。福尔问他关于“过目不忘”的秘诀，库克回答说：“所谓过目不忘纯属无稽之谈，在现实中根本不存在。我的记忆力事实上和平常人一样，包括在这里的其他参赛者，大家的记忆力都和平常人没什么区别。”

眼见为实，福尔是亲眼看到库克的记忆奇迹的，说没有“过目不忘”，福尔哪里肯相信？于是，他接着说：“但是，一个记忆力十分普通的人，只要他找到了得当的方法，也同样能拥有惊人的记忆力。”在之后采访其他选手时，他们均赞同这一说法，只不过是采用了一种“更难以忘记的方式来思考”，并表示任何人都可以做到。

福尔在比赛中大开眼界，在采访中更是深受鼓舞，不禁对记忆产生了浓厚的兴趣，希望自己有朝一日也能够成为像库克一样拥有超强记忆能力的人，可以不用参加比赛，只要能够记住更多的经典作品和名言警句即可。因此，为了这一目标，即使福尔半信半疑，他还是很诚恳地邀请库克担任自己的教练。

在记忆力方面，福尔一向认为自己只是一个普通人，因此在开始的时候他并没有多大的信心，而根据自己多年的经验来看，信心是迈向成功的第一步，没有信心就难以往下走。于是，为了找到信心，他开始查阅大量和记忆训练相关的文献资料，以便找到适合自己的入门方法。很快，福尔就找到了美国佛罗里达州立大学心理学教授 K. 安德斯 · 埃里克森及其著作《出众记忆力——来自后天而非天生》。

在书中，埃里克森讲述了自己独创的“熟练记忆法”的秘诀，告诉读者为什么以及该怎样来提高记忆力。其中还讲述了他在 1978 年和同事比尔 · 蔡司一起做过的一项研究，研究对象是美国卡内基 · 梅隆大学的一名研究生，姓名缩写为 SF。埃里克森要求他每个星期都在实验室内做数小时的简单记忆训练，即 SF 坐在椅子上，埃里克森和他的同事会以每秒钟报一次数字的速度来报数，SF 要尽可能多地记住它们。刚开始接受训练时，SF 只能一次性记住 7 个数字，一年之后，他便可以一次至少记下 10 个数字了。

随后，福尔联系到了埃里克森，经过约谈达成了协议，即福尔要向埃里克森提供记忆训练的记录数据，用来做研究，埃里克森会帮助福尔分析数据，以便能够达到更加出众的训练效果。

库克为福尔制定了记忆训练的阶段性目标。在训练的初始阶段，福尔要拜访老朋友、餐馆、艺术馆等，这些与具体的记忆训练看起来并没有直接的关联。而库克则认为，记忆的关键是创造画面，也就是将需要记住的东西一一具象化并依次对应，画面越是荒诞离奇，就越是有助于增强记忆效果。他还把记忆的过程比喻成建房子——首先要在大脑中搭建出框架（想象出一处场景来），在需要记忆的时候便把相应的画面放进这一场景中，也就是为搭建好的框架添砖加瓦，直到这座房屋建成了，记忆也就完成了。

这一方法被称为“记忆宫殿”，在美国《自然》杂志 2003 期上曾刊载了这样一份研究报告。报告指出，研究人员采用电磁扫描设备去比较 8 位“世界记忆冠军赛”的选手同另外一位普通人的脑部结构，结果他们惊讶地发现，这些“世界记忆冠军赛”的选手和普通人的大脑结构毫无差异，只不过在记忆的时候那些记忆大师们更依赖负责空间记忆的大脑区域。

这项研究结果与公元前 5 世纪的古希腊抒情诗人西摩尼得斯的观点基本吻合。相传这位古希腊诗人在一次宴会期间被朋友叫了出去，而就在他离开的一瞬间，整座宫殿轰然倒塌，其他的人全部被掩埋在碎石之下。后来，为了辨认出尸体的身份，国王找到了西摩尼得斯。可是，尸体已经面目全非，西摩尼得斯感到为难，但好在他还记得那些人在宴会上所坐的位置。于是，西摩尼得斯据此成功地辨认出了尸体身份。

这个故事流传已久，记忆界的大师们在研究西摩尼得斯的记忆力时，将该方法称为“记忆宫殿法”，也称为“路径记忆法”。库克由此对该现象展开了进一步研究，发现采用“先搭架，再添砖”的方法可以帮助记忆者记住任何事物，并且记忆深刻。

为此，库克发明了一套代码，即把阿拉伯数字从 0 到 999999999 中的每个数字都转换成一幅独一无二的画面，在需要记忆大量数字时，只要把各自对应的画面分别放在一处场景中即可。就这样，福尔在库克的指导下从搜集材料，到练习假设场景、创造画面，再到进一步的记忆训练。到了正式训练阶段，福尔在库克的要求下，每天坚持吃完早饭后用 10 分钟到 15 分钟的时间背诵一首诗歌或者是一本过期年鉴中的人名；在乘坐地铁时尝试记忆整张纸上的数字或一副无规律摆放的扑克牌；平时休息时练习记忆所见到的车辆牌照、陌生号码等内容。几个月之后，福尔已经可以在脑海中建设许多场景与事物的对应画面。

埃里克森对福尔的训练进展很感兴趣，同时也不忘经常给他推荐文章，以便福尔能够找到一些不足的地方。但不久福尔的训练似乎遇到了困难，那段时间，无论福尔如何努力，成绩却一直维持原地踏步的状态，难以进一步提升。埃里克森得知之后，认为福尔需要更高目标的训练，才能有效突破极限。随后他建议福尔将记牌速率提高 10%

到 20%，在比较容易出错的纸牌上做标记并研究犯错的原因，同时设法克服。在当前速率下不再犯同一错误时，再提高速率继续训练。经过练习，福尔成功地提升了记牌速率。

之后，在库克的建议下，福尔购置了一套专业耳塞和一副抗辐射护眼镜，自己又拿黑漆喷涂镜片，只留下两个小孔观看外界，以便在接受训练时集中注意力。

几个月过去了，福尔的记忆能力得到了大幅提升，记牌速率也突飞猛进。比如，在记数字的项目中，他的成绩已经非常接近全国纪录了。

但是，福尔却在日常生活中忘性很大，他会找不到钥匙，记不住朋友的电话号码，丢三落四的事情经常发生。库克认为，这根本不影响福尔在比赛时的能力发挥。所以，他鼓励福尔报名参加下一届的“美国记忆冠军赛”，还引用了中国武打影星李小龙的名言来鼓舞他：“人类无极限。”

2006 年 3 月，“美国记忆冠军赛”如期在纽约举行，福尔和另外一位来自弗吉尼亚州里士满的商业咨询师拉姆 · 科利位于舞台中央位置，挑战速记扑克牌。主裁判坐在演播室的前排，现场大约有 100 位观众。三架摄像机对准舞台，其中有一台是专门对福尔进行面部特写的；两名评论员则负责向现场以及全国的观众做解说。在主裁判宣布比赛开始时，助理裁判当即按下了计时器。

只见福尔左手拿眼前已经洗过的一副纸牌，右手由上往下依次取牌，每次拿三张，与此同时还在大脑中设置“记忆宫殿”的场景（福尔以自己童年时期位于首都华盛顿的家为场景）：

电影动画片中的人物“绿巨人”正在他家的门口骑着一辆静止不

动的自行车，戴着一对大而沉的耳环，耳垂在重力的作用下下坠，即梅花 3、方块 7、黑桃 J；

电影明星特里 · 布拉德肖坐在楼梯下的镜子边的轮椅上，即红桃 7、方块 9、红桃 8；

一个侏儒飞行员戴着宽边帽在布拉德肖身后，背着伞从飞机上跳下来，即黑桃 7、方块 8、梅花 4；

喜剧演员杰里 · 塞恩菲尔德流着鲜血，趴在走廊上的一辆兰博基尼的引擎盖上，即红桃 5、方块 A、红桃 J；

福尔和艾伯特 · 爱因斯坦在父母的卧室门前练习太空舞步，即黑桃 4、红桃 K、方块 3；

……

直到看完所有的牌，福尔花了 1 分 40 秒的时间。此时，全场焦点聚集在福尔的身上，助理裁判又递给了他一副新的纸牌，紧接着，福尔便深吸一口气，开始回忆起刚刚的“记忆宫殿”。假如他可以在 5 分钟之内做到，那他便是全国新的纪录的创造者。

只见他按照之前的顺序抽取纸牌，边回忆边整理它们，最后，他成功地完成整副牌的回忆并摘下耳塞和自制的护眼“墨镜”。此时，摄像机已经调整好了最佳角度，助理裁判依次翻开先前的第一副牌，而另一边，福尔也依次翻开刚刚排好的纸牌，结果由第一张开始，到最后一张，每一张都准确对应！

在短短的几分钟内记住一长串随机数字、一副被打乱的扑克牌、聚会上众多客人的姓名和面孔、一篇好几页长的文章等，对于我们这些普通人来说，简直就是天方夜谭。但美国记者乔舒亚 · 福尔却通过自己和教练库克的共同努力，成功地做到了！他最终突破极限，从一位自由记者成功转行成为一名记忆大师，并于 2006 年“美国记忆冠军赛”以打破纪录的成绩成为速记纸牌项目的冠军。

第二章

破案专家记忆训练法

记忆力的好坏不是生来就定性的，而是需要后天的努力。很多人也许还不知道，记忆力和我们的宠物一样需要训练，宠物只有在得到正确的引导之后才会变得更加聪明乖巧，而记忆力也只有通过不间断地训练才能变得越来越好。一套科学的记忆方法则是我们提高学习效率、提升工作质量、尽快完善自己的重要基础。在这一章中，我们会重点介绍破案专家训练记忆力的一些行之有效的方法。

第一节 分门别类记忆法则

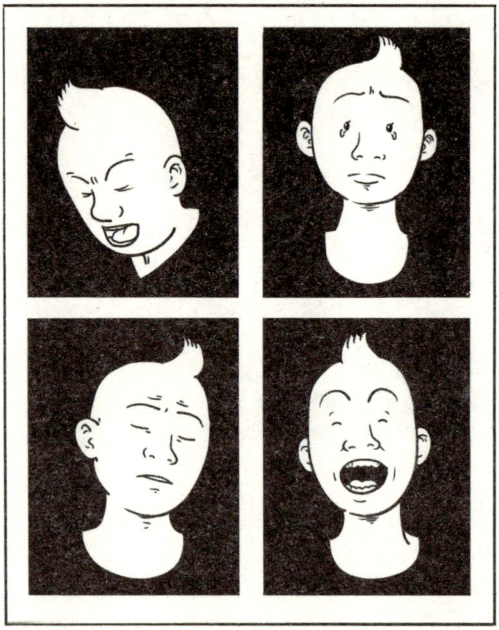

伴随着人类文明的诞生和发展，记忆力训练也随之出现。古希腊、古罗马时期，不少学者已开始深入研究记忆力。在一部公元前 86 年到公元前 82 年完成的著作《修辞学》中，便全面地介绍了记忆力训练的方法，可以说是记忆训练发展史上的一部里程碑式的作品。在古代，科学技术不及现在发达，古人抄写一本书往往要好几个月才能完成，因此书籍的数量没有现在多，甚至在当时是极为稀少的。学者们尚且没有书可读，普通人就更难了。

在这样的情况下，记忆便是传递知识和传承文明的重要载体。学生们在学习知识时，记忆同逻辑、修辞、语法一样重要，都是必修的课程。不但要背诵经典名著，还要学习背诵的技巧，掌握记忆的诀窍。心理学家认为，古人进行记忆训练的目标不是要成为“活字典”，而是要做“活目录”，在大脑中建起一座“书架”并将自己认为有价值的知识分类放进去，以便需要时及时查阅。

然而在当今社会，知识无处不在，最令人担忧的不是缺乏学习的条件，而是供人们学习的环境变得越来越嘈杂。很多学生，包括成年人都在抱怨想要学得更多、更好，无奈记忆力有限，许多知识学了没多久，就开始遗忘。事实上，即便古人的时代已经过去，但古人留下来的学习方式和记忆方法依然值得我们借鉴。

我们已经知道，人类的大脑比计算机还要复杂。即便如此，人脑在存储信息时也和计算机有很多类似的地方，如对信息进行分门别类的整理。

对于很多学生朋友们来说，记忆无疑是一门技术活。比如，要记住法国拿破仑对外进行的一系列战争，要想记全、记准确，实在不是那么容易的事。但分类记忆，即对其战争性质进行分类，记忆起来就比较容易了，如正义的战争、侵略战争、争权夺霸的战争等。

所谓分类记忆，就是指个体在对所学和需要记忆的内容仔细分析的基础上，对其做出分类整理，然后再开始记忆。有些学习材料看起来很零散，难以记忆，而经过学习者的分类整理，便呈现出其规律性，根据规律进行记忆就会容易得多；而且，经过分类整理之后的知识，在我们的大脑中便被储存在了不同的区域里，当需要的时候就可以立即提取，这其实就是古代“活目录”记忆法。

举个简单的例子，平时我们去超市买东西，都知道要在食品区买饼干和糖果，而抽纸、香皂、毛巾则放在生活用品区；要想买练习本、铅笔就要到办公文具区里找；逛街的时候，要买衣服就应该进服装店，要想买鞋子就应该进鞋店，相信这些常识人人都懂。

而我们的记忆其实也需要进行类似的分类，以下面的清单为例：牙刷、汉堡包、圆规、玻璃杯、牛奶、西红柿、酸奶、笔记本、文具盒、饭盒、辣椒、鸡翅。假如这是你今天去超市需要采购的东西，那么在记忆这些东西时，如果能够找到它们之间的关联的话，记忆起来就很容易了。

我们可以将其分为三大类，第一类是食品；第二类是学习文具用品；第三类是生活用品。而在食品一类中又可以分为三个小类，如乳制品，即牛奶和酸奶；蔬菜，即西红柿、辣椒；荤菜，即汉堡包、鸡翅。在学习文具用品一类中，有圆规、笔记本、文具盒。而在生活用品一类中有牙刷、玻璃杯、饭盒。这样一来，我们便可以很轻松地记住那些需要采购的东西了。

事实上，分类也是一个理解的过程，当我们将需要记忆的内容按照一定的类别进行分类时，其实就是一边分类，一边记忆了。分类记忆法的关键是要找到所要记忆的事物之间的共同点。世界上的事物千差万别，但总有一点是共通的。

在学习和工作的过程中，分类记忆法对于记忆那些杂乱无章的内容特别有效。千万不要害怕在分类上浪费时间，因为相对于死记硬背而言，分类记忆更不容易忘记，并且当你分类的时候，记忆系统就已经在工作了。

那么，究竟如何分类会更好呢？破案专家认为，分类需要掌握技巧。

第一，一定要我们自己去分类。当我们采用别人分好的类别去记忆东西时，势必没有自己亲自去分类的记忆效果好。因为自己分类属于一个主动记忆的过程，而别人分类则属于被动记忆。而要想真正记住一些事物，主动记忆是最有效的。

第二，要确定好分类的标准。同样需要记忆的内容，如何正确分类是很讲究的。分类的标准有很多，因人而异，也因记忆材料而异。比如，黄鹂、百灵、狮子、八哥、蚂蚁、蚊子、大象、猫头鹰、老鼠、老虎，要想记住这组动物，分类记忆就很有必要，但类要怎么分呢？

有人说可以把它们分成鸟、兽、昆虫三大类来记忆。即鸟类有：黄鹂、百灵、八哥、猫头鹰；兽类有：狮子、大象、老鼠、老虎；昆虫类有：蚂蚁、蚊子。而也有人把它们分成会飞的、会走的和会游的，甚至还有人将它们分成吃过的、没吃过的和不能吃的三类。

也就是说，在分类记忆的时候，我们可以按照自己的习惯或爱好进行分类，只要能够帮助记忆就行。而针对以上三种分类方法而言，第一种分类最好，因为它看到的是这些动物的本质区别。此外，在对物品进行分类时，可以依据其功能、构造、大小、颜色、存在场所等来划分；假如是人的话，可以根据性别、年龄、年代、籍贯、姓名缩写字母的顺序等来分组。

第三，确定分类的组别数和每组的个数。分类之后的组数和每一组的个数也要适当，不能太少，也不要太多，而组数最好要控制适当规模，组数过多便增加了记忆的难度。我们将需要记忆的内容分为 7 加减 2 组为宜。譬如，青菜、花生、苹果、香蕉、西瓜、橘子、南瓜、鸡肉、猪肉、羊肉、罗非鱼、土豆、豆角、螃蟹，在这 14 个词语中，如果按照食物性质来划分，有蔬菜、肉类、水果和海鲜4种，但海鲜和肉类的“组块”数量和其他种类的“组块”数相差太多，所以，不妨将它们分成蔬菜类、荤菜类、水果类三种。

第四，正确处理特殊类型。在分类的时候，或许总会遇到其中一个很难为其分类，似乎放在任何一组中都不太合适的情况。这个时候，也不要太钻牛角尖，与其浪费时间把它硬塞进某一组里，还不如为其“另起炉灶”，自成一组。

既然分类记忆需要找到不同事物之间的共通之处，那么，当它们之间没有或者是你一时半会儿根本找不到的时候，还可以采用这种方法吗？破案专家认为完全可以，但一定要善于归纳整理。德国数学家高斯在读书时，他的数学老师是当时比较有名气的“数学家”布特纳。布特纳一直认为，乡下的孩子在读书上缺乏天赋，显得比较迟钝，来自城市、满腹才华的他深感屈才，所以一直都非常郁闷。而有一回，他在课堂上心情忽然很好，便在黑板上写下了一道题：1+2+3+……+100=？

学生们一看，这么多数字相加，要算到什么时候啊！于是，大家纷纷呆坐在座位上，不知道该如何下笔。当时，不少想表现自己的学生已经在埋头苦算了，而高斯竟然一下子就知道了结果，他在算术本上写下了“5050”这个数字。布特纳看到了，非常惊讶地看着这个小男孩，问道：“你是怎么算出来的？而且还这么快！”

高斯回答道：“1+100 是 101，2+99 是 101，3+98 也是 101，这样算起来一共有 50 个 101，答案就出来了。”布特纳听了之后满意地点点头，没想到高斯如此聪明。但事实上，高斯只是很细心地观察了这些数字并找到了其中的规律而已。

由这个小故事我们得知，经过归纳整理之后的信息明显要清晰很多。而爱因斯坦也非常善于寻找数字之间的规律。有一次，朋友告诉他一个电话号码 24361 并要求他记下，然而爱因斯坦并没有拿纸笔去记，而是立即就记在了大脑里。朋友十分诧异地看着他，爱因斯坦说，这个号码其实很好记，24 就是 12 的两倍，即两打，而 361 其实就是 19 的平方。原来爱因斯坦是将这个电话号码看作两对有意义的数字组成的，所以一下子就记住了。

事物之间的规律需要发现，一旦找到了规律，记忆起来就会迅速很多。譬如，在记忆英文单词的时候，有些单词由派生法构成，即词缀法，在词的前面或后面加上前缀或后缀便构成了新词，像 some（一些）+ body（人）便构成了单词 somebody（某人）；work（工作）加后缀 er，便构成了新词 worker（工人）；class（课）+ room（房间）便构成了单词 classroom（教室）。又好比中文汉字，有形旁的，形旁多半是表意；而带有声旁的汉字，声旁多半是表音，这其实就是规律。

不管怎么样，善于分析和总结才能找到不同事物之间的规律，那些善于归纳整理的人通常都会记得比较牢。

第二节　专注让你记得更牢

一、记忆需要专注

中国宋朝的陈正之很喜欢读书，他看书的速度也非常快。每当他捧着一本书时，总是不用很长时间就可以读完，身边的人都非常羡慕他的读书速度，觉得他看书这样快，一定汲取了非常丰富的知识。然而，陈正之真正记在心里的知识是极少的，如果要问起他书中的内容，他根本就回答不上来。时间和精力似乎都花了不少，但陈正之却没有真正的学识，对此他自己也感到很苦恼。

一个偶然的机会，陈正之遇到了著名学者朱熹，就把心中的苦恼说出来并向朱熹请教。朱熹听后，意味深长地说："读书不能只图快，还要多用脑子，用心去记忆。"此后，陈正之便改变了以往读书的习惯，每每读完一段就会放下书本，思考这段文字究竟阐述了些什么，中心思想是什么，有什么重要的内容需要记忆等。坚持这样的读书习惯，陈正之最终成为一名富有学识的人。原来，陈正之并不是因为记性不好才记不住书本里的内容，而是因为他学习的目的性不强，在阅读的时候没有真的用心。

记忆不佳往往是由于记忆者的漫不经心，如果对于一些需要记忆的内容毫不在意，或专注度不够，就很难记住。假如我们对某一件事或某个人从一开始时就缺乏关注，就不可能记得住。就好像我们平时在大街上听到了某种声音，看到了某种现象，但没有听进去，没有看进去，同样不会有很深的印象。换句话说，生活中的人们只关注一小部分对自己有吸引力的事物，而其余被忽视的部分根本就不可能进入我们的记忆系统。

在学习上也一样，当我们没有目的地、缺乏记忆意识地去学习一些知识时，也很难做到学完之后就记住。《红与黑》中的女主人公朱莉安在受人之托送信时，为了避免中途信件遗失之类的意外，便将信件全文背了下来。托信的人好奇地问："你真的记住了？"朱莉安很自信地回答说："只要我不害怕忘记，就记得住。"由此可见，当我们带着某种目标去记忆时，效果往往是最好的。

记忆训练教官曾给学员们布置默写任务，第一次布置任务时，他说第二天要测验，结果大家的成绩基本差不多；而在第二次给大家布置默写任务时，他故意没有对其中一部分学员提出第二天检测的要求，结果，没有听到检测要求的学员到了第二天几乎全部没能默写出来。因此，在有意识的要求下，记忆的效果最佳。所谓有意识地记忆，其实就是带有一定的记忆任务，采用了一定的措施并付出了一定的意志努力而记忆的一种方法。换句话说，有意识记忆就是要求我们提高专注度和注意力。专家提出了以下几点建议：

第一，确定目标，明确将要完成的任务是什么。一个清晰而明确的任务会将记忆这件事变得有意义，也能够充分调动起积极的心理因素，让我们开始全力以赴地去完成。值得注意的是，任务越是明确和具体，记忆的效果就越好。譬如，你要记住今天在聚会上结识的一个朋友的名字，或者你今天需要记住这篇文章的前两段、其中的10个单词等。

第二，要有意识地去记住信息。记忆其实就是一个重温的过程，我们需要在第二天背诵出一篇英语短文的前提是我们曾经背诵过。也就是说，记忆的第一步就是要识记信息，然后才是储存信息。在这个过程中，就需要用心和用脑，如果信息从一只耳朵进去了，然后又从另一只耳朵出去了，甚至是它们根本就不曾被你注意到，那就谈不上记忆了。这就好像我们在使用计算机录入内容时，操作的过程中我们会保存，操作完毕之后还要再次点击“保存”，否则，一切都将清零。

第三，要有意志力，提高专注度。如果你下定决心要记住一份演讲材料，那么在记忆的过程中就一定要做到专注。在如今铺天盖地的信息爆炸时代，人们的注意力严重匮乏，如你走进一间办公室，开始坐在沙发上玩手机，却忘记了你原本是要拿一份文件的；再如，当你从事一些对专注度要求相当高的工作时，手机、新闻、微博，包括窗外的一切声音都有可能导致你的注意力出现分散，这会使你的工作效率降低，甚至完不成任何一项任务。诸如此类的“分心”现象，都是源于注意力不集中。然而，记忆最忌讳的就是注意力分散。

二、如何提高专注度

针对人们注意力分散、专注度不高的现象，专家们专门进行了调查，结果发现几乎所有人都难以保持注意力长时间集中，每个人都患有不同程度的注意力分散症状，都有各种不同的记忆力问题。这个结果似乎很令人欣慰，但世界上依旧有许许多多专注度超高的人，他们在短时间内记住了大串数字和整副扑克牌不是假的，也有很多人能够在嘈杂的人群中安之若素，专心地做自己的事情，全然不顾外界的变化。那他们是怎么做到的呢？

只有专注才能有效吸收并记住信息，而提高专注度的根本方法有两种：一种是提高注意力水平，另一种就是合理分配我们的注意力。

人的精力只会被用在我们自己所导向的地方，如果在做某件事情时，我们能够把注意力集中起来，便会取得一次又一次的进步，记住更多的东西，这其实就是专注力的力量。但假如我们将注意力分散到各种不同的事物上，那被分在每种事物上的注意力就会减弱，导致最终一事无成。

就好比我们看戏，眼前有三台非常精彩的戏，你坐在下面眼睛盯着 A 戏台，心里想着 B 戏台，还时不时地扭头看看 C 戏台，结果等这三台戏都结束时，没有一台戏真正被你记住。而你呢，只是在它们之间左顾右盼浪费了时间，而并没有真的达到欣赏的目的。

也许这样的比喻并不十分恰当，但这却正是我们每个人都很容易犯的一类错误，注意力的分散让我们难以顺利完成手头上的事，更不能牢牢记住需要记忆的东西，结果耽误了时间，也浪费了精力，有些人甚至还会因此而产生挫败感。那么问题究竟该如何解决？那就是做到专注。选择其中一台戏，认真而集中精力地看下去，也许你会为没有看到其他两台戏而感到惋惜，但你至少看过了其中一台并获得了欣赏的乐趣。

在日常生活中，混乱和无序充斥着我们的世界，我们总是不经意地给自己制造出许多难以应付的事情，精力被分散到很多事上面，因此在每个方面都不能取得进步。很多人为了逃避那些未完成的事所带来的痛苦和挫败感，干脆习惯性拖延或有意将注意力分散到一些并不重要的事情上，或许这样会带给人们一些暂时的满足感，但如此循环下去，只会距离成功越来越远。

所以，提升专注力是值得现代人重视的问题。提升专注力需要从以下几点做起：

1. 界定时间界限。考虑清楚自己做某件事需要的时间，并界定好时间界限，如这件事必须要在晚上七点之前完成，否则就要留到凌晨之后了。用这样的时间界限去限制自己，其实就是在告诫大脑专注，因为时间有限。

2. 设定优先级别。你一定很清楚，首先完成工作要比去看娱乐新闻重要得多，如果你在工作的时候还一边浏览着新闻网页，精力自然就分散了。破案专家建议，给自己设定规则。比如，在完成这项工作任务之后再看新闻，假如这件事没办好，就不能去聚会了。如此一来，不但设定好了界限，而且给每件事划分了一个优先级别，更提醒了自己专注于最重要的事情。

3. 屏蔽外界干扰。如果你对外界的声音很敏感，一些不经意的声音都能让你分心的话，那最好戴上降噪耳机；或许这样还不够，你的电脑或书桌上都有些什么？电脑屏幕上的浏览器统统关掉吧，手机都改为静音，然后一心一意地忙你的工作。告诉自己，在这段时间里，只能做这件事，断绝外界的一切干扰；如果你成功地做到了，那就在完成任务之后好好奖励自己。

4. 搞清楚你的动机。明确做某件事的动机是什么，这有助于提升专注度，当你明白为什么要专注于某件事时，就会清楚不专注的后果。所以说，明确动机也是提升专注度的一个重要因素，这一点将在下文中具体进行阐述。

5. 创建一种能够使自己迅速进入状态的仪式。我们每天要做的事情实在太多，但细细想来，其实很多事都是每天在重复着做，习惯了某种生活模式，我们就会变得依赖。事实上，当你在进入某种状态之前，是处于另外一种状态的，如何让自己快速转变并进入下一个状态很关键。

破案专家认为，为自己创建一种迅速进入状态的仪式，当习惯成自然，大脑便会有所感知，我们也更加容易取得预期的效果。譬如，在开始新一天的工作之前，打开应用软件，桌前放着今天需要处理的文件，泡一杯咖啡，接着就慢慢进入状态了。对，坚持下来，如果没有别的更重要的事情，不要轻易转移你的注意力。长此以往，你就会发现，重复这个“仪式”的次数越多，你就越容易进入状态，其他事情也一样。

6. 学会自省。如果焦虑，此时不妨停下来，单独待一会儿并自省，或许安静下来之后你就会找到问题的症结所在。

除此之外，还要合理分配我们的注意力。注意力是记忆力好坏的关键，而注意力其实可以具体到细节，要善于观察细节。比如，你的好朋友给你介绍了两位新朋友，在一起聊天时，你就要合理分配自己的注意力，每隔几分钟就要把注意力从一个人身上转到另外一个人身上，与谁聊天，你的注意力就要集中在谁的身上。这样一来，你就会记住他（她），便不至于在下次见面时因忘记名字或忘记你们曾说过的话而感到尴尬了。

另外一种情况就是关注细节。破案专家认为，关注细节可以帮助大脑训练成一种习惯性的本能，确保钥匙放在我们知道的地方。比如，你走进房间后随手将车钥匙丢在书架上的一个角落，然后躺在沙发上进入“闭目养神”状态，等到休息好之后，你就去忙别的事情了。但是，车钥匙在哪儿？在下次出门之前，很多人都会为寻找车钥匙而忙活好半天，甚至怀疑自己是否将它拔出来了。

事实上，他们都犯了一个错误，那就是遗忘了一个细节，如果可以像电影一样回放的话，你会看到自己在昨天进屋之后的一个小细节——鞋子还没脱掉时，就随手将车钥匙丢在了书架的一个小角落里。如果大家都记得这个小细节，便不会在第二天上演“寻找钥匙”的戏码了。

当然，合理分配注意力同样还需要你能够做到同时注意两个或两个以上的目标。有一位很有名的心算专家，很少有人能够考倒他。有一次，一个年轻人找到他并提出了问题：“在一列火车上有 856 位旅客，到站后下来 68 个人，上去 57 人。30 分钟之后到达下一站，94 位旅客下车，上去了 76 人。再过 20 分钟后抵达下一站……”年轻人的语速很快，一连串说了不少数字。而心算专家依然非常镇定，等年轻人停下来之后，他问：“你的问题结束了吗？”“是的，结束了。”“那你想问什么呢？”“我要问的是火车一共经过了多少站？”

心算专家愣住了，一时之间大脑一片空白。原本以为年轻人会问火车上总共有多少旅客，或者在中途总共下了多少位旅客，没有料想到年轻人会问列车经过的站数。破案专家认为，这位年轻人是用每次上车、下车的旅客数量分散了心算专家的注意力，因而难住了这位专家。可见，在很多时候注意力的合理分配非常重要，如果分配不得当，就会把问题弄复杂；更重要的是，在多个目标并存时，注意力的合理分配就显得更为重要了。

第三节　动力法则提升记忆力

一、创造动力：我们能够得到什么

在前一节中我们提到了动力在记忆过程中的重要性。事实上，如今大部分人从事的行业都有这个因素在里面：为了保住饭碗，大家不得不努力工作；为了挣钱买房，大家不得不拼命挣钱、存钱；为了赢得升职机会，大家不得不想方设法表现自己……道理是一样的，当你深知自己为何要记住一样东西时，便也明白了记不住的后果。

国外某小镇的男孩和女孩在小时候是分开参加教育的，长大后的他们通常都会在职业媒人的介绍和帮助下找到自己的另外一半。但这有一个规则，那就是这些职业媒人在撮合一对情侣时，首先要衡量双方的家族社会地位、收入、长相、性格，乃至智力。

换句话说，如果你是学院里的佼佼者，那么那些集美貌、智慧、财富于一身的女孩将任由你挑选。这是让你成为优秀学生最富于吸引力的诱惑，假如有人告诉你，连续两学期考试全学院第一，便可以和校园里最漂亮、最聪明的女孩交往，你还会不想学习吗？

事实上，当你带着某种动力去做一件事时，效果往往会达到极致。这种动力记忆的关键是要积极主动，要求我们把记忆当作挑战和锻炼自己的机会，而不是总想着“负担”“压力”，否则将会适得其反。

当你感到记忆困难时，试着去给自己寻找一种动力吧，想想：我能够从中获得什么？或者：否则，我将失去什么？

二、兴趣：学习的最大动力是对学习材料的兴趣

歌德说过：“哪里没有兴趣，哪里就没有记忆。”

有一位很有亲和力的企业老总，他发现自己的一名员工忘性很大，交代的事情他总是记不住，即使去办了，也未必是按照老总吩咐的那样去做，因为他忘记了很多具体的细节。之所以还没有开除他，是因为这位员工的悟性高，有时候“误打误撞”，居然还得到了客户的赞扬。

在一次年终聚会上，这位老总和一群员工在餐后去 KTV 唱歌，

那位忘性大的员工居然一连唱了八九首歌，只字不差，跟拍、节奏都堪称完美，嗓音更是没话说，周围的人打趣地说他是“入错行了”。这位老总也暗暗自叹不如，自己唱歌不是跟不上节奏，就是抢拍子。

可为什么一个平日里忘性大的人会记住这么多首歌曲的歌词呢？而且还不会漏拍子？其实，最主要的原因还是这位员工的兴趣，他对自己感兴趣的、喜欢的东西就记得牢，反之就经常表现出“失忆”的状态——兴趣就是他的动力。

小时候的马克思对学习法语就非常感兴趣，那时他每天坚持花一个小时学习法语，还想象自己就在罗浮宫里、在埃菲尔铁塔下、在塞纳河的桥上……有时候还会想到自己在象牙海岸休假，在普罗旺斯葡萄园，在外语学习班里参加最初的语言测试……

这些其实就是马克思的愿望，他希望自己快点学好法语，以便能够在那些地方旅行，不知不觉中便提高了自己学习法语的兴趣。除此之外，他还把已经学会的 4 个、7 个或 10 个单词随意地使用上下文联系起来，或者是组成一个很短的句子，反复练习，记忆法语语法和单词的速度也变得非常快。

可见，兴趣是良好记忆的先决条件。著名心理学家弗洛伊德说过：“人只记得自己感兴趣的东西。”而在现实生活中，不管是工作还是学习，我们往往要去面对一些自己并不感兴趣的事物，如果没有采取某些措施的话，想必我们都会过目即忘。所以，为了增强记忆效果，有意地激发自己对记忆材料的兴趣，创造记忆的动力吧！

专家认为，对学习材料的直接兴趣是推动人们加强记忆的有效内在动力。当你兴趣盎然地专注于自己眼前的事物时，大脑也会跟着进入一种高度兴奋的状态，并且不容易出现疲劳，专注度也会随之提高，这显然对记忆力非常有帮助。

很多家长抱怨自己的孩子“正事样样不行，‘歪门邪道’倒是一大堆”，什么跳街舞、唱歌、下棋、溜冰，对自己喜欢的明星的故事倒背如流，观看球赛时总是能够记住那些球星的长长的名字，但是一到教室里就开始打瞌睡，作业写不好，课文背诵不出来……原因何在？因为他们的兴趣不在学习上面。

此外，当我们每天上下班或上学、放学都经过某条路时，沿路的一些店面，我们未必都能够记得清楚，但喜欢吃蛋糕或经常去文具店的人就很清楚蛋糕店和文具店的位置，甚至对有哪几家、哪家的比较好等都了如指掌，这就是由兴趣导向的记忆。

因此，当家长们抱怨自己的孩子“不求上进”时，不妨细心观察一下，孩子是否在其他方面做得非常好，如爱下围棋，观看两人对决的围棋赛时，能够记住其中的每一步；再如，孩子酷爱舞蹈，是舞蹈班里的佼佼者，那么，结论就很明显了，孩子只不过是对学习没有兴趣罢了，并不是他们笨。在这种情况下，最好是通过启发教育，充分激发孩子的学习兴趣。

在美国就有一种开放式的小学，老师们把教室的墙壁改装成能够自由移动的装置，甚至在有些教室里连课桌都没有，孩子们完全可以根据自己的想法去学习和选课。

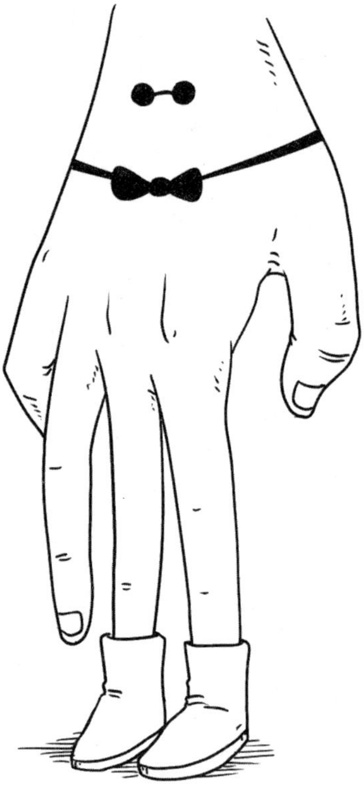

总之，容易记住车牌号、电话号码、序列号的人通常都对数学和数字感兴趣，他们有较好的专业技能；而能够记住人名和面孔的人往往对人比较感兴趣——兴趣是决定记忆的关键，当我们对记忆抱有兴趣和自信，便能够从中找到乐趣所在，提高记忆力。

比如，在记忆英语单词的过程中，如果你的头脑中一直想着应付考试，想着那么多单词每一个人都有可能被考倒，这样一来兴趣就会大打折扣。此时，不妨试着发现自己已经能够记住多少个单词了，当发现自己记住的单词越来越多时，兴趣就会跟着提升，记忆的速度也就变快了。

如果你不堪忍受化学课的乏味，而又不能不学，此时不妨把那些无聊的化学方程式想象成某物品，如家里的盐用化学方程式如何拼写，醋又如何拼写，煤气又该如何拼写，为什么煤气泄漏到空气中会让人中毒，原理是什么，用简单的化学方程式怎么表达出来等。你会的东西越多代表学问越大，你还可以用自己新学的知识调配出自己喜欢的香水，既能让你长学问，又能拥有专属香水，学习化学还会那么枯燥吗?

学习地理也是一样，当你被那些奇怪的地名搞得晕头转向时，不妨停下来，想象着你正在当地旅行，肯定要了解那里的水土、纬度，包括风俗民情以及地名吧！就算这辈子没机会去那些喜欢的地方，也该记住那些令你厌恶的地方吧，今后旅行便可以第一个避开它了！

在学习上面，我们未必对所有的课程、知识都感兴趣，在这种情况下该如何去记忆呢？破案专家建议我们可以人为地制造出一种动力来。对于一个热衷于集邮的孩子来说，如果你给他买了一沓成套的邮票，还在他生日的时候送给他一本集邮册，孩子原本或许不那么强烈的兴趣会在瞬间上升到极致。

其实道理是一样的，也许你觉得自己对某门课程并不是那么有兴趣，但引发兴趣是一个过程，你可以采用“前后夹击”的方式去学习。比如，先从你比较感兴趣的地方入手，再去了解哪些是必须去做的，然后想想学习这门课程会给你带来什么好处。该方法被记忆专家们称为“包糖衣”,即通过制造某种小的动力来作为激励或奖励。那么，我们该如何制造并唤醒那些被我们所忽略掉的“兴趣”呢？破案专家给出了以下建议：

1. 把需要记忆的信息与事业、未来联系在一起。很多时候，当我们想到自己的未来或许会因为眼前的这一举动而被改变时，心里便会多了一些笃定。巧妙地将兴趣和乐趣转为志趣，使其更好地刺激你的记忆能力，这是非常聪明的做法。

人的爱好是从兴趣开始的，然后变成乐趣，最后才升华为志趣。一个人如果能够将这“三趣”投放在学习、工作和生活中，就会发生两种结果，一是能够充分发挥人 80% 的潜能，二是在工作或学习时不会轻易就感到疲惫。所谓志趣，其实就是兴趣的更高级形态，比兴趣更为持久和具有目标性、方向性，时时鼓舞着人们为之努力，攀向更高的阶梯。

2. 赋予无意义的记忆对象更为生动的趣味。有些记忆对象会略显乏味，所以在记忆时应尽量赋予其生动的趣味性，如在记忆西亚“五海三洲”的分布图时，学生们可以把阿拉伯半岛想象成人体胳膊肘的形状，而通过这个胳膊肘的轮廓引出西亚四周所环绕的“五海”，即胳膊肘下面的是阿拉伯海，外侧部位的是红海，肩膀位置毗邻的是地中海，而地中海右上方有一个拇指状的半岛，在这个半岛的上方就是黑海了。沿着这条线路深入一点，便到了世界最大的湖泊——里海。这样一来，不仅在记忆的时候更省心，而且在回忆的时候也不会出现漏记或混乱的情况了。

事实上，这种方式也在根本上要求老师们在教学的过程中改变以往传统的填鸭式、满堂灌式的教学模式，激发学生们的想象力和探索精神，这样对新知识的吸收也会更加迅速和有效。

3. 把不容易记忆的信息放在兴趣事件里。聪明的老师经常使用这样的方法来激发学生的兴趣，如幼儿园老师在教小朋友们认识字母时，会将孩子们喜欢吃的糖果或喜爱的玩具放在某个字母旁边，如果孩子们能够正确地认出字母，便可以得到自己喜欢的糖果或玩具。

我们在记忆某些难记的生词时，不妨将它们放在熟悉的、感兴趣的重大事件中，编造出一句话，这样原本对我们来说很生疏的词语一下子就变得生动，记忆起来也更为容易，在记忆里保存的时间也更加持久。

4. 让音乐来帮助记忆。音乐播放的声波可以改变人脑的脑波活动。人体的自我律动与音乐的曲调产生共鸣时，能够有效激活大脑中储存的多种信息。当舒缓、和谐的音乐声响起时，人的记忆力会得到深化与超越。这也是人们总能够轻松地哼唱歌词，而一旦要单独去背诵歌词时就没那么容易的原因了。

5. 停止那些容易损伤记忆力的不良兴趣和嗜好。破案专家们经过大量调查发现，玩乐无度、纵欲、酗酒、吸毒、熬夜等不良嗜好对记忆力都有巨大损伤，同时也消磨了人们对记忆信息的兴趣。

第四节　理解记忆和理解基础上的概括记忆法

一、理解记忆基本方法

德尔普费耳德说："学习的基础是理解而不是记忆，理解可以帮助提升记忆力。"破案专家也认为，只有理解了的东西才能记得持久。

列宁也曾说过，只有理解的东西才能记得住并且学以致用。一次，他因公出差，因距离莫斯科比较远，所以需要坐一段时间的火车。列宁带来好几本看起来非常厚的书，一上火车便专心地阅读起来。坐在他对面的人感到吃惊，问道："这么多这么厚的书，您看完了能记住吗？"列宁答道："当然可以了，不信的话您可以提问我。"

于是，列宁把书本递给了对面的人，一场问答便由此展开。结果，对方提出的问题列宁都对答如流。见列宁如此厉害，对方竖起了大拇指，赞叹道："真是超人的记忆力啊！"列宁听后笑着说："其实也没什么，阅读对我来说已经成为习惯，学习总要挤时间的。想要记住的东西，只有理解了才便于记忆和应用啊。"

列宁所说的理解记忆其实就是以理解为前提的记忆方法。心理学家认为，理解是借助现有知识在事物之间建立起逻辑联系。也就是说，不仅要看懂材料，还要厘清材料各个部分之间的逻辑关系，在该材料内容和之前所学知识经验之间建立起一种逻辑联系。积极思考，深刻理解基础之上的记忆才会比较牢固。所以，我们在记忆的过程中，要尽可能地以理解为基础，然后再加以记忆。

有两位哲学讲师亲自做过这样一个实验：背诵席勒的诗歌和洛克的哲学论文。实验结果证明，背诵哲学论文的效果要远远好于背诵诗歌。因为他们本身就是哲学专业人士，对自己理解的知识记忆起来就容易得多。当然，这不是要求我们在每一个领域中都达到专业水平。

有些材料，如科学概念、范畴、定律、历史事件、文学作品等，本身都具备一定的意义，我们在记忆这类材料时，通常都不能采用那种死记硬背的记忆方式，而要先理解其基本的意义，也就是借助我们既有的经验和知识，经过一定的思维加工来综合分析，把握材料各个部分的特征、内涵以及其内在的逻辑关系，然后再将其纳入我们自己已有的知识框架之中，便可以更持久地保存在我们的记忆中了。当然，对材料理解得越透彻，记忆的全面性、精确性、牢固性以及迅速有效性也会越高。

我们在阅读一篇文章时，理解只是一种感知，我们会一下子联想到之前所掌握的知识，或者是马上就可以从现有的知识中找到需要的东西，然后把它和新的印象结合起来。但阅读一些我们并不熟悉或难以理解的材料时，有必要建立起新的逻辑关系。

所以，先看内容是否为我们所熟知，如果相对陌生，要寻找它与既有知识之间的联系；是否具有某种意义，如果是有意义的内容，可以坚持“先理解，再记忆”的学习方法，避免逐字逐句地背诵。譬如在背诵诗歌或散文时，掌握了全文的意义以及文中的实词、虚词等，背诵起来就会容易许多。当然，理解了并不意味着就可以记忆下来。所以还要重复，因为人的大脑需要一个接受的过程，理解的东西要重复才能记得牢，而重复的方法就可以参考我们后面将要提到的分布记忆法。

二、以理解为前提的概括记忆法

古人说得好：“百炼为字，千炼成句。”炼字造句便是一种概括。破案专家认为，概括记忆法是对识记材料进行提炼，找到关键和要点再加以记忆的一种记忆方法。

概括记忆法要求我们对识记材料加以提炼并找到关键的要点去记忆。中国著名的数学家华罗庚曾介绍过他自己的一套学习记忆的方法，他认为，做学问需要打好基础，对于基础性的东西要学得透彻一点。

原来，华罗庚所说的记忆方法就是概括记忆法。即对字句进行推敲，不懂的地方加上注解，这样一来，在实际的学习过程中所获得的东西就会多于书本；然后再将所学到的东西加以消化，组织整理、简化，提炼出骨干部分；最后记忆起来也就比较轻松了，加上对主题骨干的牢牢把握，记忆也会更加牢固。

爱因斯坦说过，在所阅读的书中找到能够将自己引到深处的东西，再把其他的一切统统抛开，以便减轻头脑的负担。概括的过程其实就是思考和简化的过程，那要如何准确地进行概括呢？概括记忆的方法又有哪些呢？

1. 主题概括法。凡是长篇识记材料往往都有自己的主题，所以我们可以先用心去理解整篇材料的主题以及其篇幅结构，这样再记忆就不会出现混乱或繁杂的情况了。

2. 名称概括法。某些词语、名称或概念可能很长，记忆起来颇为困难，但只要我们对其加以高度概括，便可以“化繁为简”，便于记忆了。比如，中国黄河下游的省市，即五个省份：河北、河南、山东、山西、陕西；两个市：北京和天津。经过概括，就可以总结为一陕二市四河山。

3. 数字概括法。在中国教学课程中，我们经常会提到“四项基本原则”“一个中心，两个基本点”等，这些其实都是数字概括法。经过高度概括之后的内容被总结为数字，这样既朗朗上口，便于记忆，又防止了遗漏内容。

4. 字头概括法。所谓字头概括法，其实就是将一句话或一段话开头的字作为记忆的关键字眼，将复杂的知识材料进行浓缩和精简来记忆，这种经过压缩之后的信息就很容易记住了。比如，地理课本上要求记忆的拉丁美洲的国家有：洪都拉斯、巴拿马、哥斯达黎加、尼加拉瓜、萨尔瓦多、瓜地马拉（现译危地马拉）。如果拿出笔将每个国家的第一个字圈出来，就会得出“洪巴哥尼萨瓜”，然后可以再借助谐音记忆法（我们在后文中会详细介绍）读成“红八哥，你傻瓜”。

如此记忆起来便充满了趣味，印象也更为深刻，以后只要你一想到一只红色的八哥，傻里傻气地看着你时，便会记起拉丁美洲的几个国家了。

再如，中国四大佛教圣地“九华山、五台山、普陀山、峨眉山”，运用字头概括起来就是“九、五、普、峨”，更形象一点，还可以记忆成“九五之尊，普照峨眉”。将识记材料中的首字提炼出来，然后再编排成有意义的话或词语，必要的时候还可以用汉字的谐音来组织记忆，效果也很不错。

5．要点概括法。一篇识记材料究竟讲的是什么，重点很关键，需要我们准确找到并尽量用自己的话概括出来。当然，对于某些知识材料，我们并不需要整篇记忆，只需抓住重点记忆即可；如果需要整篇记忆，我们先概括出其要点，先记忆重要内容，再根据这些内容去记忆全篇，效果也非常好。所以，要点概括记忆法也被称为重点记忆法，或选择性记忆法。

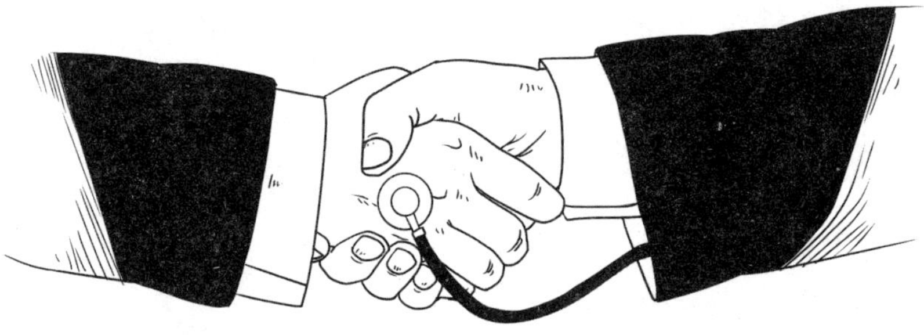

破案专家记忆训练课程中收录了这样一则小故事。莫斯科大学某大学生，在图书馆门口的台阶上不慎跌倒，大脑因此遭受撞击，此后他的记忆力竟然神奇地好了起来。不管是多长的材料，他都可以过目不忘，据说他还可以将《真理报》从头至尾阅读一遍后倒背如流。记忆力虽然变好了，但随之而来的麻烦是，他的脑袋疼得也是越来越厉害。破案专家认为，记忆的东西太多了，大脑便得不到休息，因此才会出现剧烈头痛的现象。

选择性记忆在现实生活中很常见，如我们不会记住生活中每一件烦琐的小事，而会将那些有意义的或重要的事件记住。爱因斯坦在获得诺贝尔奖时遭到一群年轻人的“刁难”性提问：“你知道声音在空气中的传播速度吗？”爱因斯坦不记得了，但他还是很幽默地回答说：“很遗憾，这个问题我无法回答出一个十分确切的数字，但这完全可以在你们的物理课本上找到，我的头脑是要留着思考那些书本上没有的东西的。”的确，如果什么都要去记，最后往往就抓不到重点了。

当然，要求记忆要点部分，这并不意味着其他的内容就不用记了。在记住了重点之后再去记忆其他的内容，会有一种轻松感和成就感。最后引用苏联作家巴乌斯托夫斯基说过的一句话：“记忆好比是一把神话中的筛子，筛去了垃圾，却留下了金沙。”而要点记忆法就可以帮助我们筛走垃圾，留住金沙。

第五节 比较记忆辟捷径

上数学课的时候，老师问：“同学们，你们知道直线、射线、线段之间的联系和区别吗？”有的同学说“知道”，也有些同学说“不知道”。接着老师就在黑板上画出了这三种线，向同学们解释说：“线段和射线都是直线的一部分，它们之间是部分与整体的关系。直线两边可以无限延长并且没有终点，而在直线上取一点就成了两条射线；取两点，那么在两点之间就是线段，两点之外的部分就是射线。”

同学们若有所思地点着头，老师接着说：“以上是这三者之间的联系，而它们的区别是什么？就是直线无端点，可以无限延长，表示直线的字母不讲究顺序；射线有一个端点，只有一边可以无限延长，表示射线的字母要有序；而线段则是有长度的，表示线段的字母有序。所以，同学们要加以区别记忆。”

这么一番讲解之后，很多同学都记住了直线、射线与线段的概念及其各自之间的区别。而所谓“区别记忆”其实就是比较记忆。当需要识记的材料相似但又有所不同时，采用比较记忆能够有效提高效率。

再如，语文老师也经常引导学生们进行“区别记忆”，在记忆“烧、浇、绕、挠、侥、饶、晓、娆”这几个生字时，因为汉字的声旁都一样，只有表意的偏旁有所区别，看起来像是“一家人”似的，所以很多小学生记忆起来很容易混淆，而且在遣词造句的时候也容易用错。

聪明的老师便为学生们编了一套记忆技巧：“用火烧（shāo），用水浇（jiāo），用丝绕（rào），用手挠（náo），靠人是侥（jiǎo）幸，食足才富饶（ráo），日出为拂晓（xiǎo），女子更妖娆（ráo）。”这样把所有需要记忆的汉字都放在一起比较着记忆，不仅让学生们弄清楚了它们各自的含义，指出了这些汉字的正确用法，还给记忆这些汉字开辟了一条捷径。

专家认为，人们在认识客观世界的过程中，比较是鉴别事物特征、本质及其相互之间的关联与差异的重要手段。对于一些有相似点又有区别的识记材料，只有经过一番仔细的对比，清楚了异同之后才能更好地记忆，同时也便于今后更加自如地运用。也就是说，比较记忆法首先能够帮助记忆者全面地识记材料，在对同类材料进行比较的过程中，达到全面理解的“立体”效果；其次还可以提高识记的准确度，因为最初的识记情况会直接影响到记忆的准确性；最后因为比较记忆需要找到不同识记材料之间的联系和区别，所以记忆者对材料的解读可能会更加深刻，其明显特征也会更为突出。

那么，具体该如何进行比较记忆呢？破案专家认为比较的方法很多，常见的有：类似比较法、对立比较法、对照比较法、顺序比较法。

类似比较法是指，识记材料可能在表面上非常相似，但它们在本质上是有区别的，所以要找到不同点来记忆；

对立比较法是指，在记忆时把相互对立的事物放在一起比较着记忆，在十分鲜明的对比之下，记忆的印象也会加深；

对照比较法是指，相同类型的识记材料间不同表达方式的比较，即把同类的几份材料同时并列，再进行比较记忆，也叫横向比较；

顺序比较法是指，新旧知识间的比较和横向比较相对应，是一种纵向比较，即把新近接触到的知识和已经学过的知识放在一起，找到异同之处比较着记忆。

但不管是哪一种比较法，都要遵守两个基本原则，即同中求异原则和异中求同原则。

所谓同中求异，也就是在相似的材料中找到各自不同的地方。识记的过程中，各个事物之间越是相似，记忆就越是会出错，而只有找到在其相同的表面现象之下的不同之处，哪怕只是一个很小的细节，也足以帮助我们区别记忆，而这些区别点就是记忆的关键。

异中求同则是指，一些看起来似乎没有关联的事物如果被放在一起记忆，会很容易出现混乱，而要想提高记忆的准确性，就要学会去发现它们之间的联系。我们的记忆往往是一环扣一环，记忆之间是相互联系的，而且联系越是紧密，记忆的系统就越是容易建立起来，如果能够做到融会贯通，相信记忆也会更牢固。

这两个原则其实是相互依存的，找到了共同点，也要能够看到不同点，这样才能有效运用比较记忆法。破案专家提醒，对于一些比较复杂的问题，还可以借助表格等方法加以比较，以自己看得懂为主，而系统分析记忆法就是一个很不错的选择。

经过系统分析，会让你的思路变得清晰，印象也更深。和主题概括法类似，但系统概括法是要求我们按照科学知识的系统性，将其理顺并编织成网。这样把需要记忆的知识串联起来，记住的就会更多，因为分散的知识往往难以在大脑中长久储存。譬如我们在记忆多种图形的面积计算公式时，有些知识是相互联系的，像圆形、扇形、弓形的面积计算公式，我们只要先找到它们之间的关系——扇形是圆形的一部分，而弓形又是扇形的一部分，因此在记忆面积公式时，只要记住了其中一个，其他两个就好记了。

当然，列表是比较记忆法最为直观和形象的方法，可以帮助厘清思路，方便比较和提取知识，使人一目了然。但列表的过程一定要自己亲自动手，因为这个过程不仅是加深记忆的关键，还有助于培养比较、归纳的能力。

第三章

破案专家感官记忆法

感官记忆术充分运用了人类五官的实际作用，如视觉、嗅觉、味觉、触觉、听觉。而在所有的感官记忆法中，我们很难单独使用某一种感官来记忆，因为人们在认识事物和学习知识的过程中，只有全方位地、全面地接触和认知，才能达到预期的目的。比如，你用眼睛看了，但是不动脑筋，那基本上是记不住的；如果你只是听到了，却没有亲眼看到，印象就不会太深刻。而触觉作为人类天生的一种感觉，与其他几种感觉系统一样具有记忆的功能，有时候还会帮助我们加深印象。那么，感官记忆术究竟是如何来完成记忆任务的呢？下面就跟破案专家一起来探索你不知道的记忆世界。

第一节　多感官协同记忆法

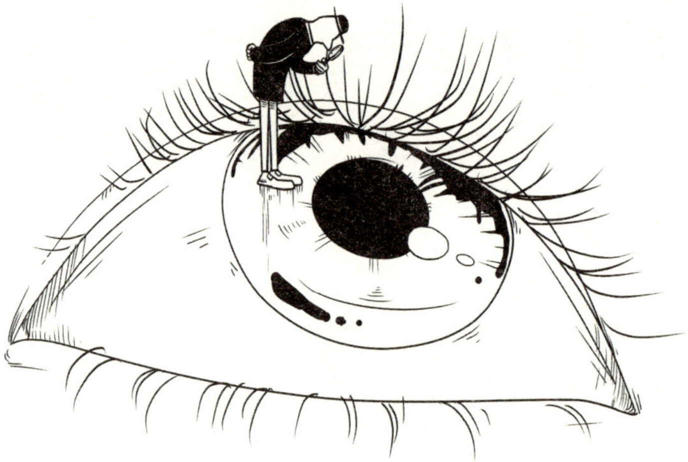

感官记忆存在于日常生活中，而且很常见。比如，当我们翻开电话本记住了其中一个人的电话号码，然后在手机上键入这些数字，我们的记忆至少都要在电话号码全部键入以后才开始遗忘；但拨过去之后，当你听到那边传来无法接通或占线的提示音时，会很不自信地再看一遍手中的电话本，因为你认为是自己的记忆出现了错误。

也有很多时候，你张开嘴巴准备说话，但脑袋里却忽然一片空白，忘记了自己要说什么；有时候转身回去找衬衫，但却在走到柜子前时忘记了自己想要穿的是衬衫还是 T 恤；前一分钟思绪万千，想要写点什么记录，但当打开电脑后，却死活都想不起来自己想写的是什么了……

如果你有以上一种或几种经历的话，那么恭喜你，你属于正常人。

事实上，这就是感官记忆，它通常只能在人的大脑中存在 3 ~ 5 分钟的时间，等到信息被使用过后，便会很快进入遗忘状态。所以，感官记忆又被称为短期记忆。

此外，感官记忆的容量在 5 到 9 之间，我们用感官记忆时一次性记住的数字或单词区间是 5 ~ 9，也就是“7 加减 2”。这是感官记忆，是人在接收到信息的第一瞬间在大脑里产生的印象和记忆，而人注意到并进一步接收信息一般是通过眼、耳、口、鼻、手。由于这类感官记忆通常维持时间比较短暂，所以很多人都要对其进行加工处理才能记得牢，转化为长期记忆。

但感官记忆和感官记忆法不同，感官记忆法是以人的五官来命名的一系列记忆方法。破案专家认为，人们面对新鲜的事物时，如果只是用眼睛去看，只能见到外形，但假如能够配合手、嘴巴、鼻子、耳朵，即视觉、触觉、味觉、嗅觉、听觉综合起来的话，大脑搜集到的信息就会更多，认识和记忆也会更加深刻。而在日后需要提取信息时，因为是多种感官并用建立起来的神经活动联系，所以恢复信息痕迹的线索也会更多。

中国南宋时期著名的哲学家、教育学家、理学家朱熹说过：“心不在此，则眼不看仔细，心眼既不专一，却只漫浪诵读，决不能记，记亦不能久也。三到之中，心到最急，心既到矣，眼、口岂不到乎。”提出做学问要求“三到”，即“心到、眼到、口到”。

而在现代的教学过程中，授课老师们通常要求学生做到“五到”，即“眼到、耳到、口到、手到、心到”，即眼看、耳听、口念、手写、心想，特别是在学习文科知识方面效果显著。破案专家认为，“五到”

的读书法是符合科学原理的记忆方法，值得推广。譬如我们在记忆化学公式时，在用眼观察的同时，也要用心思考，还可以动手在纸上写出来，当然用嘴巴读出声来也未尝不可。

这种把身体各个部位的感官协同起来用于记忆的方法，就叫作感官记忆法。而且在记忆的过程中，要尽可能多地开动识记器官，参与记忆的感官越多，记忆的效果也会越好。

苏联心理学家沙尔达科夫做过这样一个实验：他把受试者分为三组，分别要求其采用三种不同的方法去记忆 10 张画的内容——他告诉第一组受试者这 10 张画的内容，但不出示这些画给他们看；第二组的受试者只看到了画中的内容，但他并没有清楚地表述出画中画的是什么；而在第三组受试者的面前，他则是出示了画并且用语言描述了这 10 张画都画了些什么。

十几天之后，他再次找到这些受试者，然后要求他们复述出那 10 张画作的内容。实验的结果是：第一组受试者记住了 70% 的内容，第二组受试者记住了 60% 的内容，而第三组受试者记住了 86% 的内容。

这个实验向人们证明，记忆的过程中，只用眼睛或只用耳朵去记忆的效果都比不上眼睛和耳朵并用的效果。

“学无当于五官，五官不得不治”出自中国最早论述教育的文章《学记》。也就是说，没有五官参与活动的学习是学不好的。科学家也已经得出数据，人从视觉中获得的知识可以记住 25%，从听觉中获得的知识只能记住 15%，如果把视觉和听觉结合起来，就能够记住 65%。

我们为什么会对以往学习过的走路、骑车、驾驶、舞蹈等动作熟记于心，却无法一直记住那些看过的电影、诗歌或报刊？因为单用眼睛看的默记法，是大脑对视觉符号的记忆，称为“视觉符号记忆”，没有综合多种感官参与记忆，因此淡忘较快；而熟记于心的走路、骑车等动作，在我们最初学习的时候是综合了身体各个感官建立起来的记忆系统，不会轻易地随着时间的流逝而被遗忘。就好比我们在记忆单词时，如果能够做到眼看、诵读、手写、听、运用等手段结合记忆，就会记得牢，因为它已经属于不同感官共同的记忆了。

破案专家指出，视觉符号记忆（眼看）往往比较容易遗忘，而听、读、写等运动性记忆中包含有专管运动的小脑对肌肉运动的记忆（也叫运动记忆），所以遗忘速度很慢，甚至有可能终生不忘。而这种“运动记忆”在记忆的过程中要求人们的眼睛、耳朵、嘴巴、手等身体各个器官都开动起来，协助并共同参与记忆，所以“协同记忆法”因此而得名。

现代科学研究已经发现，人类的左脑侧重的是抽象思维，主导语言、代数、逻辑等；而人类的右脑侧重的则是形象思维，主导直观形象、音乐、综合创造等。心理学家理查德·汤普森与著名医学家凯尔经过研究也证实，在人类的大脑中对记忆起着至关重要作用的是“下橄榄核”，位于小脑之中，而运动动作就是通过小脑被人记住的。我们在小时候背诵的古诗，现在依旧可以脱口而出，这就是小脑对口腔肌肉的一连串动作保持牢固记忆的原因。

事实上，经过小脑记住的动作除了躯干和四肢的运动之外，还包括身体中各个部位的肌肉动作，甚至是一些很细微的动作。譬如，我们持笔写字的姿势、走路的动作等。这类运动记忆对学习效率的提高有很大帮助，因此，充分调动人脑的视觉中枢、听觉中枢、语言中枢以及运动中枢等各个感官的积极性和优势，让感官协同记忆法帮助我们提高记忆力。

总之，协同记忆法应用于学习和记忆的实践中，需要动用眼、耳、口、手，必要的时候还可以动用你的鼻子，尽量充分发挥各器官的作用，建立起多方面、多渠道的神经联系，这样记忆的效果才能大大增强。

为了更好地运用协同记忆法，破案专家建议，平时可以在闲暇时抽出一小段时间来，进行两种或多种感官协同记忆的训练。譬如，在一间安静、无嘈杂声的房间里进行音乐听写，要求仔细听并默写出来，然后再反复对照着记忆；或者是专心地听一首乐曲，直到熟练到可以清唱，然后再认真听，接着再清唱，最后还可以边听边唱。

这种方法据说是莫扎特小时候经常进行的记忆力训练，到了14岁，莫扎特已经完全可以一次性听完意大利作曲家阿莱格里·格雷戈里的一首弥撒曲，等他回家后就可以将整首曲子默写出来。再如，有一些比较复杂的信息，可以动手写下来，再反复朗读，直到可以背诵为止，过段时间之后再回忆或默写。

第二节　听觉记忆法

一、无意识的记忆——内隐记忆

生活中，我们常常会使用闹钟或定时器来提醒自己某件待办事项；也会因为听到了一句话而产生不一样的心情；当然有些时候，听觉还会带给我们烦躁或愉悦的情绪体验……但你知道吗？听得多了，也会影响记忆力。

常女士的儿子彭鹏明年要考雅思，得知这个消息之后她既高兴又担忧，高兴的是儿子终于接受了父母的建议，担忧的是儿子整天吊儿郎当的样子，如何去记忆雅思考试所需的词汇量？一天，她借着一家人在一起吃饭的机会提醒儿子，但彭鹏只是应了一声，还心不在焉地说了句“我下午去朋友家聚聚”。

常女士和丈夫都觉得孩子肯定是在敷衍他们，接受建议是为了让二老停止唠叨，根本就没做考试的准备。但反过来想想，孩子的学习大人只能点到为止，真正想做他自己会努力的，所以之后也就没再说什么了。

结果，次年雅思考试结果出来时，他们傻了，彭鹏居然考过了。常女士高兴得合不拢嘴，连问儿子：“我说，平时都不见你背单词，怎么这会儿一下子就……就考过了呢？”“我背单词还得当着您的面啊？其实，我每天晚上都会把需要记忆的单词录进磁带，再用爸给我买的复读机听，第二天再记一记、背一背，一般都会记得住。”彭鹏十分骄傲地说。

原来，彭鹏同学所使用的是听觉记忆法，即以听觉训练为主的记忆方法。

生活中也许我们都有过这样的经历，朋友坐在你旁边聊天，也许你并不感兴趣，拿起小说自己看起来，可能因为被故事情节吸引，你并不知道他们聊了些什么，但只要他们提到了你的名字，你多半都会感觉得到。

这其实就是听觉记忆，只因你的名字早已经在你的潜意识里扎根了，是你这辈子再熟悉不过的一个名词，所以在看小说时，表面上你似乎并没有听出他们聊天的内容，但事实上你的潜意识已经开始捕捉信息了。当捕捉到你熟悉的信息时，大脑就会发出通知。换句话说，在你还没意识到的时候，你的大脑其实已经在加工信息了。这种情况在夜晚的时候更为明显，只不过我们都不曾注意到罢了。

那么，为什么会出现这种现象呢？难道那些没有刻意去记的东西也会成为我们的记忆吗？破案专家认为，这里面的“罪魁祸首”当数内隐记忆。

所谓内隐记忆其实是指，在不需要有意回忆的情况下，即人们并非有意识地清楚了解自己已经拥有了这样的记忆，但在对某些特定任务的操作中却能够很自然地表现出来，而该任务的操作对人们之前经验的有意恢复没有任何依赖。换句话说，内隐记忆其实就是人们在不知不觉中的记忆，在人们尚未意识到自己拥有这部分记忆时，该记忆已能够在需要的时候被回忆起来，因此，内隐记忆也可以称为潜意识记忆或无察觉记忆。

历史上最早对内隐记忆这一心理现象进行探究和描述的是法国哲学家笛卡尔，但心理学界对记忆的探讨一直都仅限于意识状态下的记忆规律。到了 1985 年，夏克特和格拉芙首次提出内隐记忆的概念，并且设计组织了一组实验。

他们首先让被试者阅读一些单词，一个小时之后再进行两次实验，第一次是再认测试，被试者在做这项测试时基本上没有难度；第二次是补笔测试，即实验人员向被试者出示一些残缺的单词，要求其填写出其中缺少的字母，而在这项测试中，被试者除了其中的两个单词，即 ch__nk（chipmunk）、_og_y_（bogeyman）难以填补出来之外，其余的单词很快就填补上了。因为除了这两个单词是之前没有出现过的，其他都出现过，该现象被称为启动效应，即已有的字母对人们的记忆起到了提示作用。

此外，夏克特和格拉芙还对测验的时间间隔进行了控制，其中有在一个小时之后的测试，也有在一个星期以后的。实验结果证明，一个星期之后的测验效果，即有意识的回忆，远远不如一个小时之后的测验效果；但在补笔测试一项中，两种情况下的效果是相同的。

也就是说，在单词填补测验中出现启动效应，是因为被试者在之前就看到过该单词，由此引发了某种非自觉性记忆。但是，尽管被试者在测试中不记得自己曾在以前看过该单词，启动效应同样会出现。实验最终得出的结论是：启动效应的出现并非仅仅源自有意识的记忆。

此后，夏克特和格拉芙又做了多项实验，最终提出了内隐记忆、外显记忆这两个概念，而内隐记忆的最大特征就是，个体对信息的接收是在无意识的状态下进行的。

对于学生朋友们来说，内隐记忆的发现无疑是非常重要的——它告诉我们，有些内容虽然当时没有有意识地去记忆，但如果这些内容不止一次地出现在我们的听觉中，那么，大脑其实就已经有内隐记忆的存在了，在需要的时候便可以直接从中提取。

二、睡眠中的听觉记忆

在慕尼黑的牟尔菲博士协会的某次聚会上，有一个医生向大家讲述了自己的一次关于记忆的经历，我们暂且称他为 Z 先生。当时，Z 先生为了通过考试而必须在有限的时间内记住 80 余种传染病，还要能够详细地描述每一种传染病的病症，更要懂得在诊断上对它们加以区分。据了解，参加这种考试的医生至少都要花数月或一年的时间才能记住并熟练运用。Z 先生花了大量时间在记忆上面，但随着时间的推移，他发现自己的记性很不好使，而且记忆方法也非常低效。

直到有一天，他忽然想到一个好方法——把那些传染病及其描述浓缩、简化，再将它们录在录音带上，时长大约一个小时零八分钟。想到就去做了，Z 先生坚持把那盘录音带循环播放了一个星期，不管是白天黑夜，他只要有时间就开始重复听那盘录音带。结果呢？他当然顺利地通过了考试。

这就启发我们，如果把这种记忆方法搬过来用在我们自己的学习和工作中，岂不是事半功倍吗？破案专家认为，善于使用听觉记忆法确实可以将很多难以记忆的材料变得简易。早在 1922 年，美国潘沙科拉海军学校就采用了这种方法进行实验：一位无线电通信的老师在海军军官睡觉时，通过耳机将密码“告诉”了他们。结果，海军军官们居然都顺利地接收了这个信息。

还有一位大学的老教授，他将班级中的 40 名学生平均分成两组，要求第一组学生在睡觉前不学习，只管安心地睡觉；而在第二组学生睡觉时播放了 15 个陌生的单词，而且一夜间连续播放了三次。等到第二天上课时，这位老教授发现，听过录音的第二组学生在学习那 15 个单词时，他们的记忆速度和准确度都要明显高于第一组。

也就是说，这种在无意识状态下收到的信息已经被接收并吸取。而这种在睡眠中听录音的方式为什么能够这么有效地提升我们的记忆力呢？

专家发现，人的大脑在睡眠过程中依旧具有记忆的功能，虽然人的身体在休息，但大脑却是在活动的，有些神经细胞对外界的声音信息依然具备接收能力。可见，不能小看了我们在睡眠时，包括平时所"听"到的一些声音，因为它们有可能已经存在于我们的大脑中，并在我们需要的时候被轻松提取。反过来，假如记忆知识，如单词、诗文，对你来说颇为困难，不妨在每天临睡前使用小音量播放你的英文磁带，坚持一段时间，效果就会出现了。

但是，这种在睡眠时收听录音的做法也不宜使用太长时间。人如果每天在睡梦里收听录音，通常超过两个月之后，身体便会出现不同程度的不良反应，如情绪烦躁、白天的记忆力降低等。

第三节　朗读记忆法

既然通过听的方式可以提升记忆力，那么，借助朗读的方式也同样有效。朗读记忆法与听觉记忆法被公认为是记忆英文单词最好的方式，朗读记忆法是"动口""眼看"与"听"的结合，因为当你大声朗读出来时，已经是嘴巴里发音、眼里看字、耳朵里听字了，同时刺激了各种感官的共同参与。当然，不管是哪种记忆法，如果我们不用心思考，也都达不到预期的记忆效果。

你知道那位发掘了特洛伊城遗迹的德国人吗？对，他就是希伯来，是一位语言天才。但是在他刚开始学习语言时，也遭遇了一些困难。起初，他喜欢大声地读出来，直到夜深人静的时候还在朗读。有时候面对的即便是相同的材料，他还是要大声朗读出来。他的这种做法遭到了房东的强烈抗议，因为他吵得大家都睡不着了，房东曾不止一次地警告希伯来，还威胁说要把他赶出去。可希伯来一点也不畏惧，还是坚持每天朗读到深夜。

结果，房东终于爆发了，他决定把希伯来赶走。但是，房东在最后关头还是改变了主意，因为希伯来的真诚、努力和刻苦感动了他，他实在不忍心让这么一个爱学习的人流落街头。就这样，希伯来在房东那里住了很久，他每次都要花上 3 个月或 6 个月来学习一门新的语言，一直到把欧洲各个国家的语言都学会了为止。

也许我们每个人在读书的时候，都有跟着语文老师大声诵读英文字母的经历，老师在黑板上写下大大的“a、b、c、d……”然后领着我们大声地、一遍一遍地朗读，这是我们最初学习发音的阶段，即使有些人很不情愿，也要一直跟着反复朗读。如今，试问我们谁忘记了“a、b、c、d……”的读法？嘴巴张开读“a”，嘴巴缩成圆圆的读“o”，而我们之所以记忆这么深刻，其实就是不断朗读的功劳。这种配合各种口型的朗读刺激了人的大脑，给人们留下了非常深刻的印象。

在学习的过程中，尤其是需要识记的时候，大声朗读其实是记忆起来速度最快的一种方法，而且要尽可能地大声。尤其是在大脑思维尚不清晰的时候，就更应该大声读出来了。也许很多人认为，这样不好，不仅会影响到别人，而且阅读的速度也变慢了；默读不仅不会影响他人，速度还会快很多。

其实，从记忆效果的角度考虑，朗读记忆法才是最佳选择。这主要是因为我们在大声朗读的过程中，大脑会跟着紧张起来，这有助于集中注意力；此外，大声朗读出来后自己也可以听到，这就类似于你通过复读机播放了录音磁带，强化了内隐记忆。

朱熹曾在他的《训学斋规》中这样说：“凡读书，须要读得字字响亮，不可误一字，不可少一字，不可多一字，不可倒一字，不可牵强暗记，只是要多诵数遍，自然上口，久远不忘。”可见朗读记忆法在学习中的地位。

专家提醒我们，朗读记忆法中的“朗读”并非简单地读，也不是读出来了就可以记住了，而是要求大脑思维同时参与进去，边朗读边思考。比如，在朗读一篇抒情散文时，我们不仅要流畅地读出来，还要想象作者的思想情感，尽量把自己融入其中，体会文中的思想感情。当然，最后别忘了背诵。

心理学家也曾做过这样一组实验：在第一个实验中，实验者写出16个无意义的音节，要求被试者花9分钟时间识记，随后就开始回忆。

在这些被试者中，把全部时间都用在朗读单词上的人，最后只能记住35% 的内容；而仅仅花 1/5 的时间用于背诵的人，结果只能记住其中的一半；而将 2/5 的时间用在背诵上的人，最后也只记住了 57%；用 4/5 的时间来背诵的人，最后却记住了 74%。

而在第二个实验中，实验者要求被试者花 9 分钟识记完那些无意义音节之后，过 4 个小时后再进行测试。结果发现，那些把所有时间都花在朗读上的人，最后只能记忆 15%；将 1/5 时间花在背诵上的人，可以记住 26%；用 2/5 时间来背诵的人，记住的内容有 37%；而有 4/5 的时间都在背诵的人，可以回忆起 48%。这组实验证明：在记忆的过程中，光有朗读还是不够的，除了用心思考之外，还必须有背诵的参与。

所谓背诵，顾名思义就是要与原文一字不差，在学习中这是一种很常用，但也很特殊的方式，因为背诵对记忆的准确度的要求几乎是百分之百，因此，很多人都将背诵视为衡量一个人记忆力好坏的标准。

但也有不少人反对背诵式记忆，认为背诵就是死记硬背，不科学。其实，以理解为基础的背诵要比机械式的死记硬背好得多。机械式死记硬背是传统意义上的背诵，不需要理解材料的内容，这样的背诵花费的时间和精力比较多，一般并不提倡；而以理解为基础的背诵相对来说就比较科学了。下面是破案专家提出的几点建议：

首先，要明确目标。这就是我们在前文中提到的，被要求记忆的人比没有被要求记忆的人更有目标性，同时，这个目标也激励着人的奋斗意识，刺激大脑细胞更加集中注意力去做这件事。因此，有一个明确的目标很关键。

其次，要理解材料。理解基础之上的记忆最牢固，包括我们在前文中提到的理解记忆法和概括法，都是要以理解为基础的；而且理解的过程其实就是动脑和用心的过程，有助于加深印象。

最后，要发出声音。不管是朗读，还是背诵，都需要发出声音，同时还要用自己的耳朵去听，大脑还要跟着转起来，将多种感官都充分调动起来。

第四节　韵律记忆法

一、口诀记忆法

储存在人脑中的信息可以被分为表象和语言两大类，而其中大部分信息都属于语言记忆，语音是语言的外壳，因此语音和人的记忆力联系十分紧密。我们都有这样的经验，如果识记材料比较拗口或十分乏味，那么记忆起来就特别困难，让人想要放弃。但假如我们把那些内容枯燥的识记材料转换成一些有趣的形式表达，就能够提高记忆的效率，如歌谣、口诀、谜语、顺口溜等。

这种将需要记忆的知识同语言所具有的音韵、节律等规律相结合，使记忆成为乐趣的记忆方法就叫作韵律记忆法。其主要特征是把那些枯燥无味、零散、彼此间没有太大联系的识记内容编排成便于记忆的歌谣、口诀等形式，简便易行。

我们知道，朗朗上口的儿歌或词句，其音韵铿锵有力，使人情绪激动，因此总是很容易记住。周恩来深谙其道，经常将识记材料改编成顺口的歌谣。比如，他曾把中国的省、市、自治区编成了一曲歌谣——“两湖两广两河山，三江云贵吉福安，双宁四台天北上，新西黑蒙青陕甘。”再如，中国的历史朝代颇多，在识记的过程中还要依照正确的顺序记忆，这可难倒了不少人，但如果把它们改编成好记又上口的句子，即“夏商周秦西东汉，三国两晋南北朝，隋唐五代及两宋，元明以后是清朝”，是不是好记多了？

相传在非洲的原始部落中，没有文字记录，部落与部落之间的距离也比较遥远，常常要步行十天半个月，而部落之间的消息也都是靠人来传递的。这些负责传递信息的人为了不把信息记错或遗忘，会把信息编成便于记忆的口诀。这种记忆方法就叫作口诀记忆法，也叫歌谣记忆法。

该记忆方法与字头概括法类似，但字头概括法是取首字，口诀记忆法则是以准确反映材料内容为主，依据韵律让人读起来顺口，便于记忆。譬如，中国二十四节气有：立春、雨水、惊蛰、春分、清明、谷雨，立夏、小满、芒种、夏至、小暑、大暑、立秋、处暑、白露、秋分、寒露、霜降、立冬、小雪、大雪、冬至、小寒、大寒。要记住这么多的内容，恐怕对于一些初学者来说并没有那么容易，因此，采用口诀概括起来记忆就瞬间降低了记忆的难度，也就是那首有名的“二十四节气歌”：

春雨惊春清谷天，
夏满芒夏二暑连；
秋处露秋寒霜降，
冬雪雪冬小大寒。
上半年为六、二一，
下半年为八、二三；
每月两节不更变，
最多相差一两天。

这则口诀不仅把所有的节气都包含在内，而且点明了每个节气与上下节气之间的关联，记忆起来方便又省力。

在使用口诀概括记忆法时，要懂得抓住所需记忆材料的主要观点，将其压缩成便于记忆的口诀。口诀本身要求与记忆内容一致并且简短精练，千万不能太过拗口，否则就会事倍功半。具体有以下几种较为常见的方法：

1. 缩略法：选取其中的代表字来编排口诀。

2. 概括法：将材料中的内容进行浓缩概括，用自己熟悉又好记的形式来记忆。

3. 罗列法：可以把其中一系列相关但又相互独立的内容罗列出来，按顺序编排成口诀。

4. 形象联想法：充分发挥你的想象力，挖出材料中令你有所联想的东西，再编排成口诀。

5. 顺口溜：顺口溜是每句话的末尾都有相同读音的字，读起来十分顺口。譬如，“一点一撇仔细辨，巧用言语来争辩，种出瓜果长花瓣，一缕青丝扎成辫”。这样就很容易辨别出“辨、辩、瓣、辫”这四个字的用法和意义了。

6. 特征总结法：在一些比较相似的记忆材料中，找到它们之间的差异，再把这些差异总结成口诀来记忆。

最后，破案专家建议，口诀最好是由自己来编订，因为由自己思考得出来的结论早就在大脑中留下了深刻印象，记忆起来更容易。

二、谐音记忆法

谐音双关是中国历代民歌最为常见的表现方式，可以生动而又含蓄地表达微妙的情感。譬如，中国唐代诗人刘禹锡在其《竹枝词》中说：“杨柳青青江水平，闻郎江上踏歌声。东边日出西边雨，道是无晴却有晴。”其中“晴”字与“情”谐音，寓意双关，委婉地道出了少女的微妙情怀。

再如，下面这副对联，“上联：二三四五；下联：六七八九；横批：南北。”它到底是想表达什么意思呢？如果仔细观察，你会发现上联缺少了“一”，下联缺少了“十”，横批中没有“东西”，连起来就是“缺衣少食，无东西”，因为“一”谐音“衣”，“十”谐音“食”。可见，巧妙运用谐音，可以使材料趣味盎然。

谐音还可以使一些无意义的材料变得有意义，帮助人们理解记忆。一般来说，汉字谐音比较常见。因为汉字中有很多都是同音字，或读音相近的字，如果我们能够借助这种谐音的关系，赋予识记材料更加有趣味和引人入胜的意义的话，通常都能收到经久不忘的记忆效果。

很久以前，有一个喜欢喝酒的私塾先生给学生们布置了一道题目：在放学之前把圆周率小数点后30位背诵出来，背不出的同学就不能回家。然后，他转身在黑板上写下了一串长长的数字："3.141592653589793238462643383279"。学生们看着这串数字感到非常发愁，"这么长？可怎么办呀？"一想到晚上不能回家，每个学生都非常着急，立马认真地背了起来。此时，这位私塾先生已经走了出去。

只见有人在摇头晃脑地背诵，也有人认真地在纸上比画着，还有些比较调皮捣蛋的学生，干脆把"3.141592653589793238462643383279"写在一本书的封面上，揣在怀里，溜出了私塾，去后山上玩耍去了。没多久，这些在后山上玩耍的孩子们忽然发现他们的私塾先生正与一个和尚坐在凉亭中饮酒聊天，于是，调皮的他们便扮起了鬼脸，钻到林子中去玩了。

太阳快要下山的时候，私塾先生酒足饭饱，兴致勃勃地回去考学生了。结果不少学生死记硬背了很久，最后还是背得结结巴巴，甚至张冠李戴；反而是那些调皮的学生们背得十分熟练。私塾先生感到好奇，这种出乎自己意料的结果实在应该一探究竟。于是，他问："你们背得这么熟，一定有什么秘诀，给我们分享一下如何？"

此时，那些捣蛋鬼们都捂着嘴巴偷乐，后来其中一个学生站起来念了这么一段特别有趣的句子："山巅一寺一壶酒，尔乐苦煞吾，把酒吃，酒杀尔，杀不死，遛尔遛死，扇扇刮，扇耳吃酒。"这个学生一边念，还一边指着山顶，做出喝酒、摔死、遛弯、扇耳光等动作，引得大家哈哈大笑。

原来，这些学生到后山玩耍时看到私塾先生在和友人聚会，便灵机一动，想出了这么一段有趣的话，经过整理和编排，多念叨了几遍，没想到竟然帮助他们迅速而顺利地完成了记忆任务。

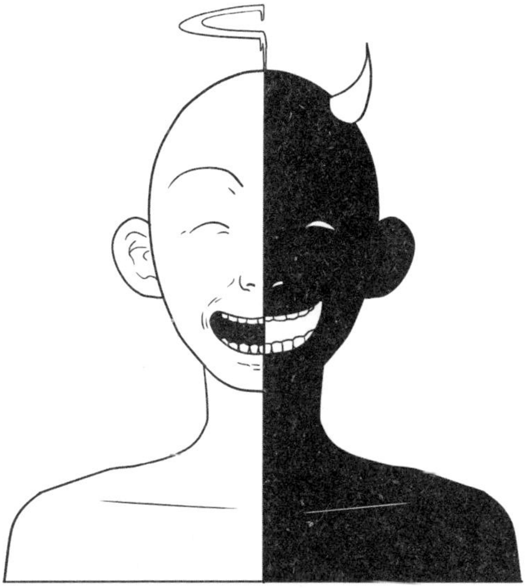

私塾先生连连点头，对这些学生刮目相看。后来，他还把这种记忆方法介绍给其他同学，并称之为谐音记忆法。

谐音其实是记忆的一个窍门，它主要依据字句的音韵和节律，是韵律记忆法中的一种。譬如，很多小朋友在初学英语时，会在"good morning"的旁边标注上"狗的猫腻"，以此来帮助记住单词的读音，也会把“Chinese”读成“掐你死”，有人甚至还把马克思的出生日期和逝世日期记成“一爬一爬，一爬爬山（1818 ~ 1883 年）”。在学习的过程中，有些知识经过谐音处理，便被赋予了新奇而有趣的形式，并且具有了某种只有我们自己才知道的意义，这样记忆起来就容易多了。

当然，在记忆英文单词时，一般并不提倡谐音记忆法，因为它可能会造成英语读音上的误差，如我们上面所举的“good morning”和“Chinese”的例子。但在记忆数字时，谐音记忆法就运用得比较普遍。像电话号码和数学公式、人物出生年份、历史年代等，通常都是将数字的读音转化成有相同或相近读音的汉字，如数字 0，通常谐音的汉字有“零、龄、拎、邻、灵、凌、菱、陵、玲”等，与数字 2 谐音的汉字通常有“儿、而、尔、耳、饵”等。有些时候，数字的谐音汉字是部分平翘舌或前后鼻音的，只要自己听着明白，读着顺口就可以了。

三、让音乐来帮助你提升记忆力

人类的大脑好比电台，在最主要的四个频率或波段上工作，有研究人员曾使用脑电图仪观测人的脑波，并对这四种脑波以及大脑在各种状态下的记忆情况进行分析。

1. β 脑波（14 ~ 100Hz）。大脑会以每秒 14 ~ 40 周的速度传送和接收信息，此时人处于外向、有意识、有感知的状态，尤其在清醒、警觉时，或许会出现不安和焦虑的情绪，大脑此时正在运行着有意识的逻辑思维活动。譬如，我们正在和对方全神贯注地交谈，或者是在做一道逻辑思考题。

人在因为任何一种激动的情绪而感到兴奋时，如恐惧、妒忌、生气、怨恨、紧张等，大脑的 β 脑波速度都会超过每秒 21 周，这个时候正常人所具有的控制免疫能力的机制就会耗尽，严重时可引发疾病。与此同时，人的注意力也难以集中，思考能力遭到了破坏。

当脑波的频率接近每秒 40 周时，人的精神就会变得非常躁动，无法集中注意力在任何一件事上，甚至会忘记前一秒钟的想法。因此，β 脑波不适合集中注意力记忆重要的事情，也不是刺激长期记忆的最佳状态。

2. α 脑波（8 ~ 13Hz）。大脑电波以每秒 8 ~ 13 周的速度运行，人此时会比较冷静、愉悦和放松。和 β 脑波比起来，这个时候人的警觉性降低，但也不会太迟钝，可以很清楚地意识到自己的思维和情感。科林 · 罗斯说，该脑电波以放松与沉思为主要特征，人们在其中幻想、施展想象力；也是一种警觉性放松状态，能促进灵感、加快资料收集速度、增强记忆力。

这是一种比较理想的控制紧张感的状态。因为和掌握新的科目知识有关的紧张与压力被清除了，所以大脑内部的啡肽分泌增加，大脑深处被隐藏的潜能也逐渐活跃起来，储存在右脑的启发性信息开始被激发出来。所以，在这种脑波状态下，学习新的语言和掌握新知识的效果最佳。

而这种脑波状态其实是人们在沉思或倾听一些令自己感到放松的音乐时所产生的效果。据说很多巴洛克风格的音乐节奏和该状态下的大脑波长相近，因此，在这样的韵律环境中学习和记忆，能够有效促进记忆力，甚至信息还会在不知不觉中进入人的潜意识，出现内隐记忆。

3. θ 脑波 (4 ~ 8Hz)。大脑此时节律缓慢，放松的感觉逐渐转变成朦胧的睡意、沉思、冥想和幻想的状态，即昼夜分界线，大脑处于清醒与睡眠之间的过渡区间，一般是入睡之前的阶段，该状态之下的大脑具有高度暗示性。

破案专家发现，在这种脑波状态下，人们也许会逐渐睡着，或者会出现直觉和洞察力，内心的想法、未来的计划、梦幻一样的意象等。这个时候如果通过收听录音的方式来记忆，会收到非常好的效果。这就是我们前文所说的睡眠中的记忆，主要依据这个阶段的脑波的记忆状态。

4. δ 脑波（0.5 ~ 4Hz）。出现这种脑波时，意味着人已经入睡，呼吸深长并且心跳变慢，血压和体温都随之下降。当然，假如大脑的脑波处于 0.5Hz 以下，那基本上就代表着死亡。

美国速学先驱泰丽 · 怀勒 · 韦伯认为，大脑处在 β 脑波时将有益于人们顺利度过每一个白天，可它会抑制人们进入大脑的更深层面；而在 α 脑波和 θ 脑波状态下就可以进入更深的层面，并且以放松、舒适和注意力集中的主观感受为主要特征，便于创造最佳的记忆力。

既然在 α 脑波和 θ 脑波状态下的学习力和记忆力最好，那么，当我们需要记忆材料时，是不是能够转换脑波呢？破案专家认为，只要采用了正确的方式，人们完全可以有意识地转换脑波，使其在需要的时候转成对自己有利的状态。而音乐就是其中的一条途径，它可以帮助人们打开无压力快速学习的大门，从而提高大脑的工作效率和记忆效果。

苏联科学家研究发现，17 世纪或 18 世纪的作曲家所创作的某些音乐对人类大脑和记忆力有非常强的影响力，他们大多都是依据古代音乐流传下来的特殊格式为主要框架来进行创作的。其中，巴洛克协奏曲中每分钟 55 ～ 65 拍的行板音乐，就能够有效地提升学习效率。巴洛克作曲家一般都是用弦乐器、吉他、小提琴、拨弦古钢琴、曼陀林来创作舒缓、宁静的乐曲，韵律和谐、自然、高频。

心理学家发现，舒缓而宁静的音乐使人的血压降低，心脏也会随之健康又有节奏地跳动，排除了紧张情绪，所以免疫系统得以加强。脑电波也跟着下降 6%，放松的脑电波却上升了 6%，此时，左右半脑的脑电波达到同步。也就是说，大脑和身体会伴随着韵律舒缓而和谐的音乐进入放松和警觉的状态，即取得优秀成绩的最佳状态。

中国早期的音乐论著《乐记》就说："凡音之起，由人心生也。人心之动，物使之然也。感于物而动，故形于声。"所谓"心"理应是指人的大脑。意思就是，当有一首歌你很多年都没唱，乐谱和歌词也早已淡忘，但如果忽然有一天，你再次听到这首歌时，你的内心便会产生一种熟悉而亲切的感觉，甚至还会不自觉地哼唱出歌词来。

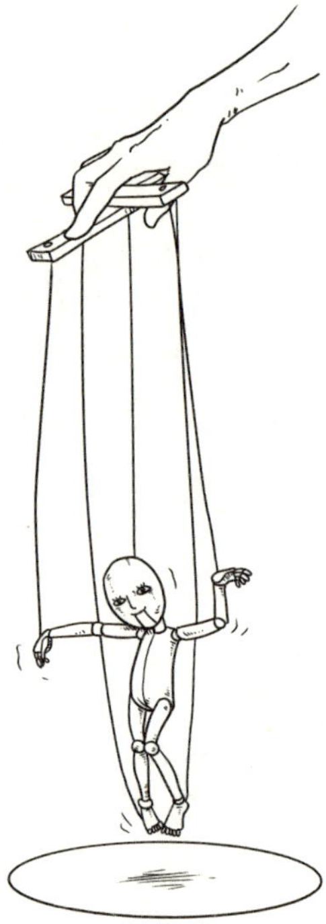

1966年，保加利亚哲学博士、精神病学专家乔治·罗扎诺夫成立了专门研究“暗示学习法”的罗扎诺夫学院。“暗示学习法”也被称为“超级学习法”，罗扎诺夫博士在该理论中强烈主张通过利用节奏舒缓的音乐来刺激人的大脑，进而消除人的紧张心理，让音乐节奏同生理节奏和信息输入的节奏等同起来，促使人在增强大脑活力和集中注意力的状态下学习和记忆知识。后来，该“超级学习法”在西方的各个国家都有十分广泛的运用，不管是学生，还是已经步入职场的成年人，都能够收到较好的效果。

在欧美、日本等国家还流行着一种叫“脑部思维保健”的方法，主要是在健脑中心备有一套健脑设备。譬如，由美国研制的脑部治疗仪“阿尔法兴奋器”，在健脑的同时还播放优美动听的音乐，节奏轻快，和人的脉搏及心跳融合，顿时消除疲劳感，愉悦情绪；更重要的是可以让人集中注意力，使大脑功能大大提升。据说很多艺术家尝试过这种健脑法之后，都可以产生创作的灵感。

音乐能够陶冶我们的情操，调节情绪，当下“音乐疗法”几乎已成为人们普遍认同的学习方法之一。“音乐疗法”可以很快唤醒人的语言能力和之前储存的记忆，让大脑更聪明；它不仅可以缓解疲劳和压力，还能够使人在学习时将注意力集中在书本上。耳边轻柔的乐曲同时在刺激着我们的大脑，激发情感体验，发展形象思维，促进左脑的抽象思维能力，左右半脑的工作得到协调。这就是强化了我们的神经系统功能，让视觉记忆、听觉记忆都得以充分练习和发挥。

法国著名听觉专家阿尔弗雷德·托马斯蒂认为，有的时候有些声音对精神的兴奋作用相当于两杯咖啡。美国快速学习专家希拉·奥斯特兰德曾在衣阿华州立大学做过测验，发现单用节奏舒缓的巴洛克音乐，不需要其他的辅助手段，就可以让学生们的学习速度提高24%，促使记忆力增长26%。更为有趣的是，巴洛克音乐还可以让植物成长的速度加快，迅速让发脾气的孩子情绪稳定，缓解或消除分娩时候的痛苦等。

因此，选择一首自己听起来既舒服又轻松的音乐来听吧，躺着、站着，或者是坐着工作，让音乐帮你解除疲乏，增加大脑活力吧。

那么，我们该如何正确操作这种风靡全球的健脑方法呢？破案专家提出了两点建议：

其一，经常哼唱能使自己愉悦的音乐。学习或识记材料的过程中，可以播放音量适中的音乐，并且一定要是音乐，而非歌曲，因为歌词会扰乱我们的思维，影响记忆速度。当然，如果这种方法对你来说没有效果，甚至还会影响你的效率，那就在平时休息的时候听。

其二，自己编写歌曲或歌词。已经有很多教学中成功的案例证实了该方法的有效性。譬如，有些教师在教学过程中编写出《拼音字母歌》《英文字母歌》《化学元素歌》等，让学生在乐曲的旋律中背诵；当然，学生自己也应该多动手、动脑，编出属于自己的记忆歌曲。

第五节　笔记记忆法

俗语说得好，“好记性不如烂笔头”，事实确实如此。英国著名思想家、哲学家、科学家弗朗西斯·培根说过：“我们不能像蚂蚁，只是收集；也不可像蜘蛛，只从自己肚中吐丝；而应像蜜蜂，既采集，又整理，这样才能酿出香甜的蜂蜜来。”要采集，又要整理，还要能够将来为己所用，光是看一遍是远远不够的，最靠谱，也是最能够永久记住信息的方法还是动手做笔记。

当我们在动手做笔记的过程中，已经不仅仅是在向大脑中重复输入需要识记的信息了，更主要的是我们的大脑会在这个过程中参与记忆中去，使所需要记忆的知识在大脑中有了自己的储存空间。所以，有句话说“最淡的墨水，胜过最强的记忆力”，原因就在于此。可以说，这是其他记忆法所不具备的优势。

一、随笔记忆法

随笔原本是文学散文的一个分支，是一种兼议论与抒情两种表达方式的篇幅短小、形式多样、善用修辞、有作者独到的文体。而我们在这里提到的随笔则是一种记录方式，可以不讲究规范的格式，但确实又带有一点难度的笔记方法。具体而言，随笔记忆法其实就是心得笔记法，要求我们在阅读一篇文章或一本书籍时，把自己所联想到的一些内容和内心的感受化作文字表达出来，这些稍纵即逝的点点滴滴的思想被记录下来，就是你的心得笔记了。

马克思在年轻的时候就很喜欢读书。他喜欢随身携带着自己的笔记本，以便把需要记忆的内容都记录下来；过一段时间之后，马克思会把他的笔记本重新阅读一次，重温那些在笔记和书上做过记录的地方。如此一来，日积月累，年复一年，他记住的东西越来越多，记忆力也变得越来越好了。

之后，他花了40年的时间来完成《资本论》这部历史性巨作。而在马克思写作《资本论》的过程中，他读过的、做过笔记和摘录的书籍已经有1500余种，用过的笔记本有100多本，其中包括手稿、摘录、提纲、札记；并且只要是与政治经济学相关的学科，马克思都会孜孜不倦、认真地钻研。不得不承认，这些笔记给他的创作奠定了坚实的基础。

中国唐朝诗人李贺也有记心得笔记的习惯——“每旦日出，偶有所得，书投囊中，及暮归，足成之，日率如此。”也就是说，他喜欢天一亮就骑着驴出门，身上还背着一个锦囊，遇到所得，便停下来将其记在纸上，然后投放在锦囊中；等晚上回家了，他就会把这些写在纸上的笔记整理成诗歌。而宋朝的诗人梅圣俞也有类似的习惯，不管是吃饭、睡觉还是出游，只要一有心得，他都会快速地记下来，为自己储备知识和学问，所以后人都称他为“诗袋”。

养成写心得笔记的习惯不但可以帮助我们巩固学习的成果，帮助理解问题，还有助于活跃我们的思维能力，增强思考的深刻性；坚持下来不但可以学习和积累更多别人的经验，将他人的知识囊括于自己的头脑中，日后信手拈来，同时还提高了自身的写作水平和记忆能力。

其实，心得笔记在内容和形式上并非像定义那样有严格的限制，只要可以准确、全面、系统而综合地评述即可。有时候还可以就原文中的某个部分或某个观点加以分析，加上自己的观点和注解，也可以将原文的内容和观点同其他类型相似的文章进行比较阅读，从而得出自己的见解等。那么，我们究竟该怎么样才能做好心得笔记呢？中国词学家夏承焘总结出了三个字，即“小、少、了”。

1.“小”是指携带并将心得记录在小本子上；另外一层意思就是要做到不放过任何“一得之见”。夏承焘尝试使用大一点的笔记本记录笔记，但时间一长，他发现如果将心得笔记记录在大的本子上，最后在整理的时候会显得特别的吃力，而且不便于携带。直到后来，他改用小本子，还给它取了个名字叫“掬沤录”，同一件事写在同一页纸上,这样就便于整理了,看上去像一张张被排好序的卡片一样。此外，这个“小”字其实还要求心得要捕捉到自己某一瞬间的细微感触、印象或思想上的火花，哪怕只是自己的“一得之见”（肤浅的认识），都应该记录下来。

2.“少”是指心得字数应该简练而具有概括性。注意遣词造句要准确而精练，坚决避免烦琐冗长的论述。

3.“了”即对知识或材料的透彻了解。心得笔记最关键的是我们自己的一点心得，因此最忌讳照抄书本原文，经过自己思考之后得出的心得笔记最为宝贵。所以，在写下来之前还要仔细咀嚼，要在原文的基础上加以发挥，不要受其局限，展开想象，最好有自己独特的见解。

所以，做心得笔记不但要动手记，还要动脑思考，只有这样才能真正学到东西。心理学家也针对该问题做过一个实验，以大学生为研究的对象，发现那些自己动手做笔记的学生，是学习成绩最好的；而只看笔记却不想动手的学生，成绩就要落后一点；成绩最不好的当数那些只听却不动手做笔记的学生了。

最后，破案专家建议，学生们在做心得笔记时，如果是好几个科目都需要做心得笔记的话，最好是合在一个本子上，而不是一个科目一个笔记本。这样会提高记忆的效率，因为笔记本的内容如果能够多样化，会提升我们的阅读兴趣。

二、抄写记忆法

俄国作家果戈里也习惯于将笔记本随身携带着，不管走到哪里都一样。只要他听到或见到了有趣的故事、传说、民歌、谚语、俚语以

及各个地方不同的奇闻逸事、风土人情等都记录下来。记得有一次，他与友人吃饭，看到饭馆里的菜单便坚持要记录下来，最后饭菜都上桌了，他还在抄写菜单，一边抄写，一边感叹道："实在太好了，大有用处啊！"最后，这份菜单还被他运用到其中一篇小说里了。

"手抄一遍，胜读十遍。"通过抄写的方式来记忆，被称为抄写记忆法。中国宋朝文学家苏东坡在其多年的求知生涯中始终保持着抄书的习惯。根据相关资料记载，苏东坡将每天抄书作为一项必须完成的任务，即"日课"。当时被贬黄州的苏东坡偶然听闻有人吟诵诗歌："官闲无一事，蝴蝶飞上阶。"立即大赞，连问该诗是何人所作，那人回答说是黄冈县的朱司农。某日，朱司农前去拜访苏东坡，俩人便从此结为知己。

但有一次，朱司农拜访时已通报了姓名，只是苏东坡却迟迟未露面。左右为难的朱司农等待了很久，苏东坡才出来与之见面，抱歉之余，苏东坡说明了迟到的缘由。原来，他每天都要做一些功课，即"日课"，不把那些功课做完就绝不去做别的事情。朱司农很感兴趣，也非常疑惑，询问他所说的"日课"究竟是什么。苏东坡答："抄写《汉书》。"

"先生这样的天才，打开书看一遍便可以终生不忘了，何以要用抄写的呢？"朱司农很不解。

"并非如此啊。我读《汉书》已经经过三次抄写，第一遍是抄写三个字为标题，第二遍是抄写两个字为标题的，现在只要抄写一个字为标题的了，抄写正是为了加强我对内容的记忆。"

事实上，朱司农还是不明所以，他要求看看苏东坡所抄写的内容。于是，苏东坡将抄写本递给朱司农，要求他随便列举其中一个字的标题。结果，朱司农每念一个字，苏东坡便能够背诵出好几百个字，并且一个字都不差。朱司农只得心服口服，从此对苏东坡更为敬佩了，同时也为他被贬感到惋惜；而苏东坡的这种抄书记忆的方法也开始流传开来。后来，朱司农还经常用这件事来教育自己的儿子。

中国明代时期的大学者宋濂，年幼时家境贫寒，连一本书都买不起；而好学的小宋濂就想了一个好办法，就是借书回家来抄。有时候因为和别人说好了归还的日期，为了遵守约定，他经常在寒冷的冬夜里抄书，最终成为博学名儒。

抄书不但可以加深对书本内容的理解，还可以激发创造力，磨炼抄书人的意志，陶冶情操；同时，在抄书的过程中，因为要眼看、心想、手动、口中默读，整个人需要全神贯注于其中，充分调动了身体多种感官的积极参与，因此，能够有效帮助记忆。当然，在抄写时，文章的标点符号、遣词造句、整体篇幅等信息都会被大脑收集到，可谓是一举多得。

以上两位先贤如此刻苦抄书，想必也是深谙其中的记忆之道。当然，有抄写记忆习惯的大学者比比皆是，他们是用自己的实践经验总结出了这套有效的抄写记忆法。那么，抄写一定是有效的吗？怎么样抄写才能达到最好的记忆效果呢？

第一，全抄。全抄即把材料内容全部抄写下来，虽然比较耗时，但站在记忆效果的角度来看，抄写给人的记忆是最深的，也是最持久的。因此，全抄的对象也一定要是那些有保存价值的书籍或材料，这一点非常重要。所以，为了节省精力和时间，一定要事先弄清楚其性质与价值。

第二，摘抄。有些书中或材料里有比较重要的段落或词句，如主要观点、名言警句、概念定律或科学数据等。我们在记忆时，为了提高记忆的准确度和速度，可以把它们摘抄出来，加深印象。因此，摘抄记忆必须要选好有价值的内容，然后要准确无误地抄写下来，必要的时候需要核对一番，标明出处，避免以后在使用时出现麻烦。

第三，反复抄写。把需要识记的内容进行反复抄写，如苏东坡的做法，第一遍抄写的目的是理解内容和主要意义，如果你尚未具备苏东坡那样的理解能力，最好第一遍是全抄；第二遍是摘抄，可以从每句话中摘录几个词语或几个字，先记住这几个词和几个字，再记忆整句的内容；第三遍只需抄写句首的一两个字即可，但需达到记住了这一两个字便可以立即回忆起全文的程度。反复抄写几遍，逐次减少每次抄写的字数，这样到最后记忆也会越来越深刻。

当然，使用抄写记忆法要注意一个很关键的问题，那就是必须要在抄写的时候开动脑筋，充分集中注意力，不能一边抄写一边开小差，这样是浪费时间和精力。所以，在抄写的时候要边抄边理解，每抄写一段，就停下来回顾和记忆一下；而且，对于一些已经抄写过的材料，也要时不时地翻出来温习一番，这样才能达到抄写的最终目的。

值得一提的是，和抄写记忆法类似的还有一种卡片记忆法，是记忆英文单词最为常见的一种记忆方法。所谓卡片记忆法，就是把需要记忆的单词抄写到一张张卡片上，然后再加以记忆。这种卡片记忆法之所以得到许多授课教师和家长的极力推崇，是因为它综合了多种记忆法，如分类记忆法、对比记忆法、笔记记忆法以及我们后文中将要提到的循环记忆法等。因此，卡片记忆法在某种程度上集合了各种记忆方法的优势，使记忆变得更加灵活和具有条理性。

卡片记忆法的一个最为普遍的用途是摘抄资料，积累素材，以便在需要的时候使用。比如，我们在某份报纸上看到了一段对工作有帮助的内容，拿出随身携带的小卡片摘抄下来并记住，以后在需要时就可以信手拈来了。再如，在阅读一篇文章时，我们发现了不少生字，如果只是走马观花地浏览一遍，下回看到这些生字，我们依然不知道它们的读音。所以，这时就应该翻阅字典或词典，查明其读音和意义，再掏出卡片记录下来，隔段时间就看看，这样便记住了。

在利用卡片记忆法进行循环记忆时，可以把单词卡片分为若干个小组，按照记忆的难度或负荷量每组分别放进相同数量的单词，用橡皮筋捆绑好，再依次加以记忆；也可以把同一组的单词卡片都摆放在桌子上，记住一个单词便收起一张卡片，最后再去攻克一些比较难记的单词；当然还可以依据单词的特点进行分类记忆，或者是对比记忆等。总之，选择一种最适合自己的记忆方法即可。

如果要想对所学知识加以归纳和总结，卡片记忆法也是很不错的一个选择。譬如，某一个单词在某一种语法现象里的应用，某一个音标在不同单词中出现的读音规则等，用卡片搜集、分类、对照、整理，可达到良好的总结效果。

在使用卡片记忆法时，也要注意一些问题：

1. 卡片尽量选择质地较硬、较厚的纸，同一组卡片的大小最好一致。如果仅仅是为了搜集材料，那尽可能使用其中一面就行了；假如想要对照记忆，那就选用两面均可写字的卡片，一面写英文，另一面写与其相应的中文，英汉对照着记忆。卡片的规格也应以记载的内容便于记忆为主，同时还要注意方便收集。

2. 为了满足不同的使用需求，卡片应该标出所抄写单词的出处、类别、抄写的日期等，因为当一定数量的卡片集中在一起时，分门别类就显得尤其重要了；必要的时候还应该写上页码，制作索引，便于日后查找。

3. 卡片积累多了之后，可以装订起来，还可以用皮套或橡皮筋裹好，太零散容易遗失。所以，抄写记忆之后还要注意保存。

4. 抄写和摘录卡片的最终目的还是使用，我们要随时拿出来学习和记忆，充分利用时间。此外，卡片记忆法需要我们有耐心和恒心坚持下去，如果只是一时兴起，过两天就将它们随手抛弃，那自然谈不上效果了。

三、动手改错记忆法

改错记忆法其实就是借助改正错误的方法来加深印象和记忆，以此来达到增强记忆效果的一种记忆方法。

每个人都会犯错，但只要意识到了这些错误并能够及时改正，从中吸取经验教训，便会给人留下比较深刻的印象，甚至受益终生。因为大脑神经对错误之类的刺激特别敏感，总是会产生特别强烈的反应。有一个大学生在演讲时把鲁迅“逝世”读成了“折世”，立即引来同学哄堂大笑，有人甚至投来了鄙夷的目光，这令这位大学生非常难堪，更有甚者，在那次演讲之后便给他起了一个外号——“折世”。

后来，这个大学生痛下决心，一定要准确读出每一个汉字的读音，再也不想闹出类似的笑话来。因此，他每次一遇到读音拿不准的汉字，都会将随身携带的字典掏出来翻阅，然后再拿起笔将准确的读音标注在汉字上，反复记忆和训练。没想到，经过一个学期的努力，他成功地让同学们给自己摘掉了“折世”的头衔。

古罗马时期的菲得洛斯曾说：“朱庇特让我们背上两个袋子，一个袋子背在背后，里面装满了自己的错误；而另外一个袋子则放在胸前，里面装满了别人的错误。”也就是说，人们总是会对自己的错误视而不见，但对别人的错误却看得一清二楚；反过来，当我们犯错时，势必会在第一时间被他人发现，而此时得知真相后，自尊心会使我们想要钻进地缝里去。因此，每次犯错，我们都会印象深刻。

事实上，记忆也会讲究“先来后到”的规则，先入为主的记忆有优势。但如果我们能够及时找到并改正那些错误，不仅不会有负面影响，还可以起到加深印象的作用。

譬如，一些有教学经验的老师，他们常常会在重要的知识点故意卖关子，或者是故意犯一些错误，然后等着学生们来给自己纠正。一次，教语文的马老师在读课文时，故意在文章中读错了三处，有些同学意识到了，也有些同学在下面小声议论，等到老师读完整篇课文时，他要求学生找出自己刚刚读错的地方。结果第二天上课，当他要求学生回顾这篇课文时，大家都对昨天出错并改正过来的部分记忆深刻。

还有一位教师在黑板上故意将“未来”的“未”写成“末”,将“纸”右边的“氏”写成“氐”，然后找同学在黑板上进行改错。实践证明，当某些错误通过正确信息的再现，加上由于错误而引发的关注度，反而加深了学生们对正确知识的记忆，产生经久不忘的效果。可见，不管在学习上，还是在工作中，测试中出改错题、工作失误时及时总结经验教训、失败时及时寻找差距等，对于我们建立正确认知和准确记忆知识都有非常大的帮助。

那么，具体该如何运用改错记忆法呢？破案专家的建议如下：

首先，应该重视错误，并正确认识到错误。爱迪生说过：“失败也是我需要的，对我来说，它和成功一样有价值，只有当我在知道一切做不好的方法以后，才能知道做好一件工作的正确方法是什么。”因此，认识到错误很关键，这样才能有改正的可能性。它在你的思想上产生的刺激越大，留在大脑里的印象也就越深刻。

其次，及时改正。有人说，改正一个错误的记忆，要比记住一个新的信息更困难。因此，不要让错误的信息在你的大脑中保留太久，那样会形成定式，再想改正就难了。可见，改错需要及时，越快越好，越彻底越好。有些老师要求学生将自己在试卷上或作业中出错的地方用红笔勾画出来，然后再将改正以后的答案摘抄在一个本子上，就是一个非常不错的建议。

最后，正确看待别人的错误，需引以为戒。所谓“吃一堑，长一智”，但有些时候，当你发现别人的明显错误时，不要忙着嘲笑，而要记下来，想想自己会不会也存在类似的错误，“有则改之，无则加勉”。

第四章

破案专家时间记忆法

所谓时间记忆术，其实就是根据记忆的时间来命名的。其中包含了好几种记忆方法，如及时记忆法、限时记忆法、过度记忆法等。哈佛特·布兰说过，对于记忆来说，最重要的是应该知道利用一天中的哪一段时间来进行记忆。所以，选对时间很重要。那么，一天中最佳的学习、记忆时间该如何选择呢？如何来加深我们对材料的印象？交替记忆法到底可不可取呢？过度学习就一定是机械式的笨方法吗？如果有可能，随时检验一下自己的记忆效果吧，这也是提升记忆力的途径之一。

第一节　时间记忆法原理

所谓时间记忆法，说得通俗一点就是根据记忆时间来命名的一种记忆方法。该方法是根据艾宾浩斯记忆曲线的规律而进行有效记忆的一种方式；还可以是根据人体生物钟的不同节奏规律而安排记忆不同的内容，也就是在最佳的记忆时间里记忆最难的内容，在中等佳度的时间里记忆难度中等的内容，在不佳的时间里记忆没有难度的信息。

说到人体生物钟的最佳记忆时间，通常是因人而异的，因为我们每个人都有不同的生活习惯和节奏，学习的方式也并不完全一致，但大体上会有一个比较统一的说法。破案专家认为，人的大脑在一天之中有四个记忆高峰期，一是早晨起床后，这个时候的大脑没有受到新的信息的干扰；二是上午 8 时至 10 时，大脑在这段时间里严谨性和周密性都比较强，此时处理信息的效率非常高；三是下午 6 时至 8 时，大脑在这两个小时里最为活跃，是一天中记忆的最佳时期；四是临睡前一个小时左右，大脑即将进入睡眠状态，不会受到后来信息的干扰，并且大脑在睡眠中也并未停止工作，而是在对白天所摄取的信息进行存储、归纳、整理和编码。

事实上，在科学家研究人的睡眠时就已经发现，人在学习之后如果马上进入睡眠，能够明显提高记忆力。美国心理学家詹金斯等人做了这样一个实验，他们要求两个被试者同时去记忆10个无意义的音节，记忆完毕后，一个可以马上去睡觉，而另外一个还要从事其他的活动，不能睡觉。一段时间以后测验，发现马上进入睡眠的那个人记忆力极少下降，没有睡觉的那个人则很快就把那些音节忘得差不多了。可见，睡眠确实有助于增强记忆力，减少遗忘。

另外，还有研究者指出，下午3时，人的大脑思考能力最为敏捷，推理能力在白天的12小时内慢慢变弱。因此，早晨刚起床时可以多做构思工作，为一天的学习和工作捕捉灵感，还可以背背英语单词或文章；上午8时到10时这段时间可以做一些严谨的工作，如计算、做笔记等；下午多从事一些对思考能力要求高的工作；晚上用来加强理解和记忆。

但无论如何，根据自身的记忆特征合理地安排记忆内容才是最佳选择。有些人习惯晚睡，偏偏在夜间精力旺盛，文思泉涌，记忆力超强，这类人就属于猫头鹰型。因此，可以把记忆难度较高的内容安排在夜间记忆。而有些人晚上一到点儿就犯困，白天却非常有精神，这类人属于百灵鸟型，那就可以将记忆任务安排在白天。

记忆最大的天敌就是遗忘，尤其是一些对记忆质量要求颇高的行业。为了保持记忆的持久性，对抗遗忘，我们不仅需要掌握正确的记忆方法、技巧，也要了解遗忘的规律。所以，德国心理学家艾宾浩斯通过亲自试验发现了遗忘的规律，即艾宾浩斯遗忘曲线。因此，在遗忘之前有必要对记忆进行巩固和强化；当然，也要结合记忆的最佳时间及时做出调整。

以考试为例，也许我们每个人在读书时都有这样的经历，平时的单元测试或小节检测成绩都很不错，但一遇到期中考试和期末考试的时候成绩就“失常”了，并且考试越重要，考试的成绩就越糟。那么我们要如何做，才能够最大限度地保证自己在考试中发挥出正常水平呢？

首先，考前必须要准备充分，有备无患才能得心应手。这里的准备不仅包括知识的储备，还有体能与心理方面的准备。在知识准备上，几乎都要靠你平时的学习和努力，如果是按照老师的要求和进度来学习，在复习和记忆的过程中使用一些记忆技巧，完全可以掌握考试范围内的知识内容。

而在体能的准备上，需要注意的就是生物钟的问题。其实，我们每个人都有自己学习的黄金时间，有些人平时高效学习的时间正好与考试时间是吻合的，即精力、专注力和注意力以及思考能力等都在考试时间内达到最佳状态，那就是很幸运的；但如果不吻合那该怎么办呢？

破案专家认为，因为每个人的学习黄金时间都是可以调整的，所以，应尽可能做出调整。就好像我们平时都是七点起床上班，而在周末那天，原本想好好睡个懒觉，却依旧会在七点的时候醒来。因为人体生物钟在习惯了某种作息模式之后，就会不断重复。

所以，在考试的前一个月开始改变我们的作息时间，把学习的时间都集中在考试时间。比如，早上八点半到十点半考语文，那便可以在这个时间段内多记忆与文科相关的知识；下午两点半到五点半考数学，那就在这个时间段里学习理科知识，做理科试题。这样同时避免了在考前一天或前一晚夜里临时“抱佛脚”，熬夜背书的结果是第二天考试时昏昏欲睡，大脑呈糨糊状，得不偿失。

事实上，有很多人在考前记忆力比平时更好，尤其是晚上背书的效率最高。但如果养成了晚上看书、白天睡觉的习惯，那生物钟就会彻底乱了，等到白天考试的时候，人体却处在即将进入睡眠的状态，会影响考试水平的发挥。因此，虽然睡前的时间很适合记忆，我们应该抓紧这段宝贵的时间去记忆一些重要内容，但这并不意味着熬夜。那种把书本拿来当作催眠工具，甚至是在考前通宵达旦复习的做法，都是有悖生物钟规律的。

在介绍时间记忆法之前，先一起来看看影响记忆力的“事件边界”现象是怎么回事。

美国圣母大学的加百利 · 雷万斯基等人在 2011 年发表过一篇实验研究的报告，在报告中他们阐述了人类出现“短暂性失忆”的现象及原因，并称确实有一扇“神奇之门”切断了人们的记忆。实验参与者被要求坐在电脑前操控一个人物在虚拟的空间里走动，如这个虚拟空间里的人要从一张桌子上拿起一件物品，放在旁边的口袋里，再走到另外一张桌子前放下来。

有时候另外一张桌子放在同一间大房子里，也有时候是放在另外一间房子里的，需要穿过一扇门。而当需要穿过这扇门时，或者是在同一个房间里走过一段相同的距离时，程序会提醒参与者判断他们手中正拿着或刚放下的东西，并记录下他们的反应时间和错误率。

紧接着，加百利·雷万斯基等研究者要求参与者在现实中进行实验，原来虚拟的电脑空间变成了真实的房间，实验道具也都变成了真实物品；参与者听从指令，并携带笔记本电脑，随时回答问题。结果，两个实验的结果几乎一致，当参与者穿过一扇门之后，无论这扇门是虚拟的还是真实的，参与者对物品记忆的准确率都会降低，反应也变慢。

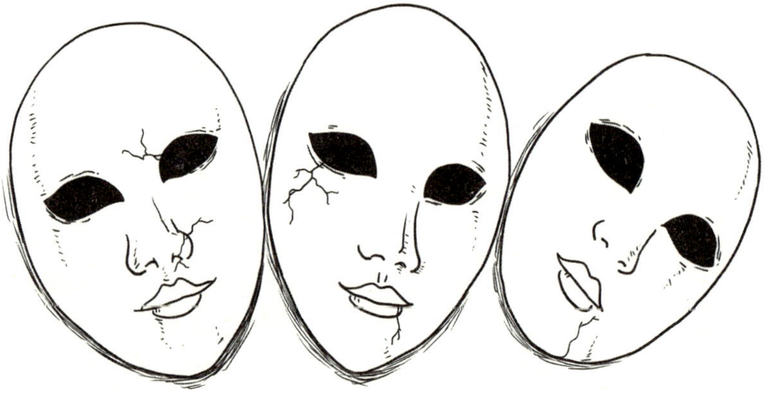

为什么经过一扇门，人的记忆力就出现了问题？在上一章中我们专门介绍了感官记忆，记住的电话号码，或许在你拨出去之后就再也记不起来了，除非你经过一些巩固和强化工作，才能使这种短暂的感官记忆变成长期记忆，而由短时记忆变为长时记忆的界限完全可以用这扇门来形容。破案专家认为，由这扇门诱发的遗忘就是记忆的“事件边界”。即大脑会自觉地将输入的信息切分成一个一个片段，“正在发生”和“刚刚发生”的事件会被这扇“门”切割开来。

事实上，在人们主动划分图片、文字、视频等信息以及在处理这些材料时的生理指标上，都出现了“切割”的迹象。譬如，在安排一些并未接受过音乐专门训练的人聆听交响乐时，在每一个乐章的交替处，他们的右半脑活动都会悄然改变，先是前额叶皮层腹外侧区与后颞叶皮层的活动加强，紧接着是前额外皮层与后顶叶皮层开始活跃起来；再如，人们在观看视频时，瞳孔的直径会忽然变大，这代表着认知活动变多了。同时眼睛扫视增多，也意味着人们正对某个新的事件进行着重新定向的行为。

这种切割现象对人的记忆力的影响具有两面性：一方面，记忆事件处在某个边界上时，大脑就会自动清空“刚刚发生”的事件；另一方面，边界处的大脑也会随之迅速建立起新的心理模式，即注意力增强，认知更为活跃，接收到的信息也能更高效地加工，长期记忆也更容易在这个时候出现。

1992 年，研究者发现，两则相同的商业广告假如一则放在电视剧的上下集之间播放，另外一则放在同一集的两个连贯性画面之间播放，前者的效果就要比后者更好，更容易被人记住。也就是说，那些恰好处在事件转换边界处的物品会更容易被记住。

第二节　循环复习巩固记忆

根据艾宾浩斯遗忘曲线，我们知道，学习过和记忆过的内容并不会马上就遗忘，而是在记忆刚刚结束的最初一段时间内，遗忘的速度最快，之后就渐渐变慢，即刚刚记忆完毕，记忆量是100%，20分钟之后，记忆量下降为58%，一个小时后记忆量是44%，9个小时以后记忆量变为36%，一天之后记忆量下降为34%，两天之后记忆量是28%，8天后是26%，直到一个月之后，人们能够回想起来的内容就只剩下21%。

实践证明，识记过后的内容不管最初在大脑中保存得多么纯熟，都会随着时间的推移而出现不可避免的遗忘。因此，要想牢牢记住，保持记忆资料的完整性，最好还是在尚未开始遗忘之前及时复习，以此来加深和巩固记忆。所谓复习，其实就是对材料信息的再编码，以提高编码的适应性，也就是对先前输入的信息进行不断地加工处理，使其与个体存储的长期记忆中的知识结构更加吻合，进而加入个人既有的经验体系中去。

在这个过程中，时间的掌握很重要，如及时、趁热打铁，要求我们对不久前学习和记忆的内容以最快的速度进行复习、巩固；复习的次数也很关键，如“循环”、重复，要求我们以牢记为目标，拒绝遗忘为动力，对记忆力加以强化。

所谓循环记忆，就是将单个、零散的材料加以排列、组合，分成若干小组，再有计划地开始循环复习。譬如，在使用循环记忆法记忆单词时，我们可以将单词划分成若干个小组，再依次排列好，每学习一组或两组新单词时，就回过头去复习和巩固前面的各组单词。这样循环反复、周而复始地记忆单词，自然就起到了强化作用。

循环记忆充分利用了艾宾浩斯遗忘规律，但它也是死记硬背式记忆方法的一种，需要依靠对大脑的不断刺激，才能提高识记材料在大脑中停留的时间。如果不讲究科学方法，将会导致事倍功半的后果。不过，破案专家发现，如果能够克服记忆时间和记忆信息之间不协调的矛盾，便可以大大提高循环记忆的效率。而克服这一矛盾的有效方式就是及时复习，使记忆信号反复再现。

这里所说的及时，并非要求我们在学习和记忆之后马上就去复习，而是要有个时间间隔。至于时间间隔多久，这关系到最终的效果。第一次复习时间间隔数分钟即可，第二次复习可间隔数小时，第三次复习间隔一天或两天，第四次复习间隔四天或五天，第五次复习可间隔一个星期，第六次可以间隔一个月，到了第七次复习，便可牢记。当然，该时间间隔规律也会因人而异，因识记效率而异。

在使用循环记忆法时，一般有两种循环方式：一种是双双递进式的循环，另一种是链条相扣式的循环。

双双递进式的循环。假如现在有 50 个单词需要识记，我们可以将其划分为 10 组，每组 5 个单词，双双递进式循环方法如下：

1. 学习并记忆第 1 组单词，每个单词记忆两遍，全部记忆完之后再重复一遍；

2. 间隔一段时间后，先复习第 1 组的单词，再开始学习和记忆第 2 组，也是每个单词记忆两遍，全部记忆完之后再重复记忆一遍；

3. 复习第 1、2 组单词，开始第一个小循环，再开始学习和记忆第 3 组单词；

4. 复习第 3 组单词，再开始学习和记忆第 4 组单词；

5. 复习第 3、4 组单词，开始第二个小循环，再开始学习和记忆第5组单词；

6. 全面复习先前学习和记忆的5组单词，展开第一个中型循环；

……

以此类推，第二个中型循环是在10组单词都记忆完毕时，是第6组到第10组这几组的复习，而第6组到最后一组的记忆和复习方法和前面5组是一样的。直到第二个中型循环完毕，间隔一段时间，需将全部10组的单词进行一次全面的大循环复习。

链条相扣式的循环。还是以记忆单词为例，链条相扣式的循环法是将相邻两组单词进行一环套一环式的记忆；与双双递进式的循环法的不同之处在于，链条相扣式的循环法不对两组单词进行齐头并进式的记忆，而是针对相邻两组单词进行依次重叠、复压记忆。具体方法如下：

1. 学习和记忆第1组单词；

2. 学习和记忆第2组单词；

3. 复习第1、2组的单词，此处为第一个小循环；

4. 学习和记忆第3组单词；

5. 复习第2、3组单词，此处为第二个小循环；

6. 学习和记忆第4组单词；

7. 复习第3、4组单词，此处为第三个小循环；

8. 学习和记忆第5组单词；

9. 复习第4、5组单词，此处为第四个小循环；

……

以此类推，直到记忆完所有组数的单词。

还有一种方法叫作黑白循环记忆法，主要用于记忆单词。记忆者可以根据大纲对词汇的分类，找出需要记忆的重点词汇，抛开干扰，对不同级别的单词进行先后记忆，进而达到完全掌握的目的。该记忆方法主要是根据记忆者自身对单词的汉语意义和用法的掌握程度来分类，能够说出其汉语意义及用法的单词可划分到白词的行列里，否则就属于黑词，假如只能说出部分意义，就属于灰词。

划分完毕之后，先记忆灰词，要将这些灰词全部转化为白词，然后再去攻克黑词，黑词再变为灰词，灰词再转变为白词。这样一来，所有的单词就都变成了白词，成功地成为你记忆中的一部分。当然，你也可以在记忆灰词与黑词的时候，把它们分成若干个小组，再按照以上我们介绍的两种方法加以记忆。

使用这种循环记忆法时，面对的识记材料可能很集中，量也很大，所以，有人认为循环记忆法耗费时间和精力，容易使人望而生畏。但实际上，只要我们掌握了其中的要领和技巧，每天挤出半个小时、45分钟或一个小时，通常就能够保证效果。

不过，也有很多运用循环记忆法成功的人，他们认为，选对时间很关键。比如，在任务不是很繁重的时候，感觉没有压力的那一天（节假日、休息日等），晨起的一段时间，或是晚上入睡前那段时间。而无论你选择的是什么时间段，能够确保自己精力集中、适合自己的，才最为重要。

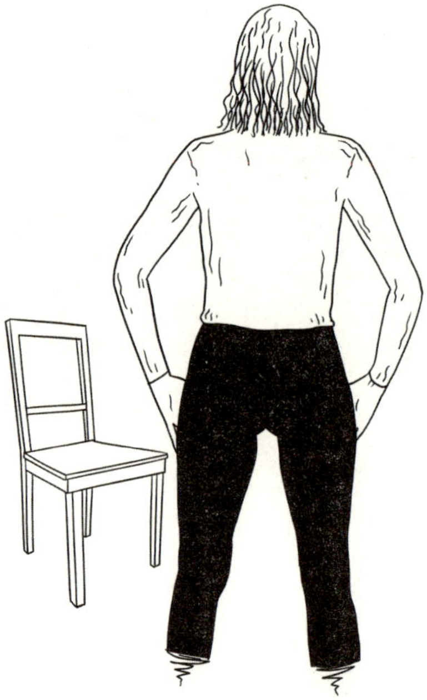

除此之外，我们还要注意几点：

1. 循环记忆法比较适合用来预习新的知识或者是进行阶段性复习和总复习。尤其是在考试之前，利用循环记忆法集中复习和整理已学的知识点，既能巩固记忆，又能增强自信心。

2. 循环记忆法需要记忆的对象往往是集中的，因此，要提醒自己坚定信念，千万不要产生畏惧心理，“在战略上藐视它，在战术上重视它”，不断暗示自己能行！

3. 在条件允许的情况下，可以把需要识记的内容分类、排队记忆，容易记的分成一类或一组，有难度的也分成一类或一组，这样记忆起来就提高了速度，整个循环也更有效率。

4. 分组时要注意每组的量。如果是单词，通常以每组 3 个到 5 个单词为最佳，这当然也是因人而异，能力强可以多点，如增加到 7 个，能力稍微弱就可以少点，如 3 个即可。初次尝试的朋友最好少点，以后再逐渐增加，直到找到最适合自己的量为准。

5. 如果是使用循环记忆法记忆英文单词，不妨找个伙伴，一个人说汉语，另外一个人要立即说出对应的英文单词，如果确实答不上来，说汉语的同学可以给出提示。这种方法不仅可以使精力保持集中，还避免了单独记忆时偷瞄的现象，有助于提高记忆的效率。

第三节　交替记忆效率高

在破案专家记忆训练课程中有这样一个例子。捷瑞前年参加了一个暑期夏令营，和来自各个地方的营友相处了一个多月，大家每天在一起，聊得很熟。当时，和捷瑞一起参加夏令营的还有一个 20 来岁的小伙子汤姆，但汤姆很不幸，夏令营的第二天就开始发烧，估计是水土不服，其间捷瑞很热心地照顾了汤姆两天。

夏令营结束之后，捷瑞便回到家乡工作了，而汤姆为了感谢捷瑞在自己生病期间的照顾，特意从家中寄来了洗好的照片、一些信件和明信片。大概半年之后，捷瑞因公事出差，在纽约机场遇见了另一个营友凯特，可是捷瑞却没有第一时间认出来。而在那天，捷瑞在机场遇见的并不是只有凯特，还有汤姆，可捷瑞对汤姆的印象却是很深的，在候机厅的门口第一眼就看到了汤姆，而汤姆也很快认出了捷瑞。

捷瑞为什么对汤姆印象深刻，而对凯特就比较生疏呢？原因是捷瑞与凯特是一次性接触，而与汤姆则是间隔接触，因此产生的心理印象也就不一样。所谓间隔接触，其实也叫作间隔交替，这是一种建立在“记忆心理学”基础上的科学方法。破案专家认为，如果将其应用在记忆上面，则是一种非常有效的记忆方式，即间隔交替记忆法。

人们在记忆的过程中，后记忆的事物会受到先记忆的事物的抑制作用，被称为前摄抑制现象；而先记忆的事物同样也会受到后记忆事物的影响，被称为后摄抑制现象。另外，人们更容易记住的往往是开头和结尾的那部分，中间的记忆是受到“前后夹击”的，所以印象通常也就没有那么深刻了。

我们在第一节中讲到记忆的“事件边界”，其实交替记忆法也正是依据该原理，在记忆被切割的一前一后，即在事件转换时记忆，效果更好。

交替记忆法也叫分布记忆法，是一种重视首尾的科学记忆方法，即将不同性质的识记材料按照时间加以分配，进行交替记忆，减少中间部分，增加前后记忆的部分。所以，为了降低中间记忆部分遭到的前后抑制作用，破案专家建议采用间隔交替法。

比如，如果我们长时间单纯记忆一门学科的知识，很容易出现大脑疲劳的情况，因为性质相同的材料对大脑的刺激很单调，时间长了，大脑中对应区域的负担就会加重，转而由兴奋逐渐转入保护性抑制的状态，即头晕、思维缓慢、注意力难以集中等。此时，如果我们稍作休息，或者做点别的事情，或者是记忆另外一门学科的知识，大脑的混沌状态就会得到改善。生活中我们也许都有类似的经历，这个时候如果再强行记忆，效率就会降低，甚至到最后都不知道自己到底看了些什么。

记忆专家也做过类似的实验，某份需要识记的长篇材料，每天阅读 68 遍就可以达到背诵的程度。但如果是每天读上几个段落，三天内阅读次数达到 38 遍就能够全部背诵下来了。值得注意的是，后者的记忆效果明显比前者好，不但记忆速度更快，而且记得更牢。实验证明，分而治之的记忆方法要比一次性突击的方式可取。当然，如果在你背诵古文感到疲惫时，不妨拿出其他科目的材料进行交替记忆，这同样可以使大脑转换状态。

中国有名的教育家丰子恺就有一套属于自己的记忆方法，后人称之为“二十二遍读书法”，也即分布记忆法。在开始记忆的第一天阅读 10 遍，第二天和第三天各阅读 5 遍，到了第四天再阅读 2 遍，加在一起总共是“二十二遍”，而四天之后丰子恺便可以背诵下来了。这样的记忆方法省力，而且非常科学。

分布记忆法表面上看起来比较分散，也可以叫分散记忆。但是，这种分散记忆也不宜太过分散，有时候识记材料很短，便不适合采用这种记忆方法；此外，间隔的时间也不能太长，太长容易造成遗忘。那么，究竟该如何巧妙地利用这种分布记忆法呢？来看看破案专家给我们的建议吧！

第一，把重要的内容或事件放在最前面或最后去记忆，如果要一次性记忆数个单词或题目，可以自行设置多个开头和结尾；如果希望别人记住自己的话，就可以在开始的时候说一遍，再在结尾的时候强调一下。

第二，在记忆大量材料内容或篇幅较长的文章时，采用分布记忆法，最好别集中记忆。这样一来，记忆的每一部分都有开头和结尾，记忆起来就比较轻松。

第三，记忆材料要合理分配，前后记忆的材料内容要在性质上尽量有所区别。比如，刚刚背诵了历史知识，接下来最好不要马上记忆语文课文，防止材料之间相互影响。

第四，记忆时间也要合理分配。人在早晨很少受前摄抑制的影响，而晚上学习完毕之后便可休息，没有后摄抑制的影响。因此，根据分布记忆的原理，早上和睡前应当是记忆的黄金时段，抓住这两个阶段，也可以大大提升记忆力。此外，人的大脑在长时间使用之后需要休息，所以中午午休之后的时间也很不错。

事实上，分布记忆也包括了分段记忆，只不过原理略有不同。分布记忆主要是根据人们的记忆时间来加以记忆，而分段记忆法则是依据记忆容量进行记忆的。

我们已经知道，每个人平均一次的记忆容量是“7 加减 2”，不管是记忆单词，还是记忆数字，当记忆的项目由 7 提升到 8 时，错误率也会跟着提升。生活中，当你面对诸多需要记忆的材料时，多半都会有一种“不知该从哪记起”的感受，甚至有些人会被吓住，认为自己根本就不可能记得了这么多。其实，问题并不是需要识记的材料有多少，而是我们究竟该怎样去记忆。

由于一个人一次性记忆的容量是有限的，因此，破案专家认为，面对长篇识记材料，最好首先对材料进行分段。也就是把材料分成若干个部分，大段化作小段，小段再化作更小的段落，记完一段再记忆另外一段，依次展开。譬如，我们在背诵长篇课文时，如果急着想整篇背诵，就比较困难，但如果我们把课文划分一下层次，每个层次里有几个段落，然后再一段段、一层层地记忆，这样逐步记忆就会比较省力。值得注意的是，分段的格式并没有特定的要求，因人而异，关键是有助于自己记忆。

第四节　限时记忆法和过度记忆法

一、限时记忆法

老师让你用一个晚上的时间背诵刘禹锡的《陋室铭》，你觉得太不可思议了，一个晚上不吃不喝都不一定背得下来吧？单位领导要求你背诵演讲稿，时间只有一天，你或许觉得那真是天方夜谭，上万字的稿子啊，怎么能够一天就背出来？语文考试（带作文的）时间从来都是限定好的两个半小时，有的同学连连喊冤，抱怨前面的试题难，几乎占据了考试三分之二的时间，剩下来的时间要构思作文，还要写出来，真不是一般人能够做到的……但偏偏大部分学生都能够做到，只不过试卷的内容如果搬过来作为练习题，学生们未必能够在两个半小时内完成，说不定还会拖拖拉拉到第二天都做不完。

类似的经历也许你我都有过，很多任务看起来很不可思议，但“被逼无奈”之下，我们最终还是做到了。这说明，人的潜能是无限的，尤其是记忆力。

研究表明，人的大脑是具有惰性的，在没有任何压力和紧迫感的情况下，注意力和专注力都难以达到最佳状态，直接影响记忆的效果。但是，在面对压力时，这种惰性就会大大降低。苏联有名的昆虫学家柳比歇夫也发现了这一规律，他对自己实施了“时间统计法”。从1916年的元旦开始，直到1972年去世，他始终坚持着这种“时间统计法”，从来没有间断过。比如，他会要求自己在规定的时间里完成既定的工作量，误差不会超过10分钟。因为在限定的时间里，他的精力和注意力都高度集中在工作上，排除了外界的一切干扰，保证了工作效率。

可见，大脑在时间的压力作用下，会自动摆出“背水一战”的架势，大脑中的各种机能也都被充分调动起来，自身惰性、自我压抑、情绪等因素的干扰都会降到最低，而紧迫感促使人集中注意力，提高了专注力，让潜在的记忆能力在冲破种种干扰之后充分发挥出来，并迅速展开通力合作。因此,这个时候的记忆效果可以达到平时的两倍、三倍,甚至四倍。

了解了这些以后，我们就可以在记忆材料时给自己限定时间，并严格要求自己遵守时间规定，意识到每一分钟的珍贵性，然后全身心地投入记忆的过程中。但在确定时间限制的时候要注意质与量结合，不要做出与实际任务相脱离的规定，假如难以估量准确，初次尝试就可以把时间定得宽松一些。

二、过度记忆法

美国心理学家认为，过度记忆法是在识记某些材料时，达到最低限度熟记后，再进行多次学习和复习。也就是说，在我们刚记完某材料时，可以再多记忆几遍，以便达到最佳的记忆效果。

德国心理学家艾宾浩斯也曾做过“过度记忆”的实验。他尝试使用不同的过度次数去记忆数组无意义音节，每组 16 个无意义音节，在每组都刚刚达到熟记的程度时，他又将第一组读了 8 遍，第二组读了 16 遍，第三组读了 32 遍，第四组读了 64 遍；24 小时之后，再全面复习，直到可以正确背诵。

实验的结果发现，识记的内容在他的大脑中保持的百分比与之前的“过度”次数几乎是一致的。也就是说，第四组在大脑中保持的量多出了 64%。该实验说明，对识记材料进行超量记忆，完全可以起到强化记忆效果的作用。

但超量中的“量”，过度中的“度”究竟应该达到什么样的程度最合适呢？破案专家做了这样一个实验：被试者被分为三组，分别练习划手批迷宫（西方国家的一种游戏），第一组练习达到的熟练程度为能够刚好正确地划出，第二组在练习达到熟练之后又接着多做了50%的练习，第三组则在熟练之后多做了100%的训练。

一段时间以后，破案专家对他们展开了测试，发现第二组多做了50%的训练，记忆的效果也随之增长了50%，而第三组多做了100%，但其记忆效果同样是增加了50%。也就是说，超出50%的过度训练，其记忆效果并不会有很明显的增长。该实验表明，过度记忆并非越多越好，而过度的次数也不是完全没有限度，和记忆的效果更不会一直保持一致的增长幅度。

因此，在使用过度记忆法时，要掌握好一个“度”。破案专家认为，如果将刚好熟记的时间定为100%，那么，在使用过度记忆法时应以最佳值150%为宜；如果不够，则达不到最好的效果，超出了就是浪费时间和精力，严重时会造成注意力缺失，学习时易疲劳，影响接下来的记忆任务。

值得注意的是，过度记忆法并非传统意义上的机械式重复，更不是死记硬背。我们在过度记忆的过程中依旧需要开动脑筋和积极思维，集中注意力，提高专注力。如果认为过度记忆法只是多背几遍就可以完事的话，那就达不到预期的效果了。此外，过度记忆法也要抓住重点展开记忆，并非“眉毛、胡子一把抓”，否则会浪费掉很多宝贵的时间。

第五节　自测记忆法和尝试回忆训练法

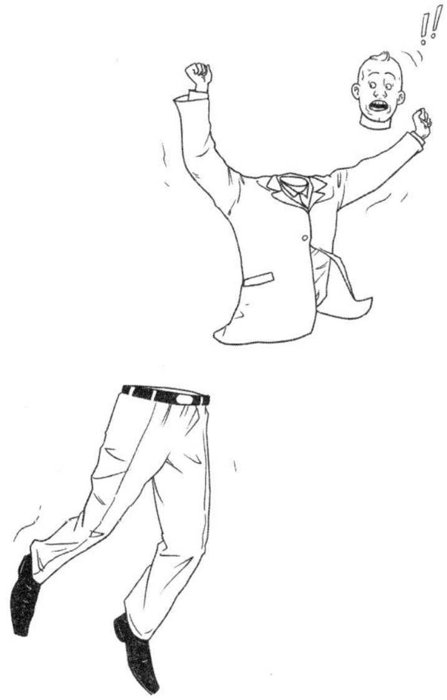

一、自测记忆法

自测记忆法其实就是借助自我检测记忆效果，以此来达到提高记忆效率目的的一种记忆方法。破案专家认为，记忆并非我们最终的目的，而只是一种手段，记忆的真正目的是储备和培养认识问题和解决问题的能力。经常自测，我们会更了解自己对知识的掌握情况，及时、准确地寻找到误差、漏洞和混淆的地方等；此外，善于自测能够帮我们提升随机应变的能力。比如，在考试和工作中，换位思考往往是解决一些棘手问题的关键，而自测记忆法训练的正是我们对所学和所记忆知识的全面理解和消化。

一般来说，自测的方法很多，因人而异。但总结起来，通常有两种，一种是以时间安排为基础的定期检测和随时检测，另外一种是以自测方式为基础，有尝试回忆记忆法、争论交谈记忆法、自我提问法和实践检验法。

定期检测。一般可以分为当日检测和一周检测两种，当日检测就是在晚上临睡前，把当天学习过、阅读过的内容选择重点加以复习，可以记忆、复述、默想、默念、默写，其中默写效果最好，文字符号默写的时候，大脑的注意力是高度集中的，思维活跃，手脑并用的效果是很显著的。

一周检测就是每个星期日休息时，抽出半天时间，将这一周内所学的知识首先回顾一遍，然后再换一种角度提出问题，可以把它们写在一张纸上，记住的打“√”，没记住的画“×”，然后再逐一解决画“×”的问题，直到全部打“√”为止。其间发现有疑问、记忆模糊的地方，千万要对照正确答案，避免记下错误的信息。

随时检测。顾名思义，随时就是随学随测，只要有空闲时间，都可以拿来做测试。我们可以把学到的内容随时化作问题并向自己提问，这样既明确了目的，也增强了记忆的兴趣和热情。

二、尝试回忆训练法

把学习过、阅读过的内容和记忆相结合，交替着加以记忆，这种方法叫作尝试回忆训练法。比如，先将需要识记的材料阅读一遍或几遍，再合上书本或盖住材料，试着在大脑中回忆刚才阅读过的内容，然后打开材料阅读，反复尝试若干次，直到记住为止。也就是在记忆的过程中，不断地用回忆的形式自己考自己。

譬如，记忆英文单词时，先记忆一遍，再自己默写一遍，也可以对照着中文默写英文单词，写完后再对照正确答案，错误的地方要及时改正过来再记忆；背诵课文时，尝试着不看课本，遇到实在想不起来的内容时再翻开看一看。该记忆方法充分运用了反馈效应，让记忆者随时了解自己对知识的掌握情况，以此作为激励的因素，同时也对容易出错的地方有了了解。

破案专家组织了这样一个实验：参与者被分成两组，同样一篇课文，破案专家首先让第一组的参与者连续看四遍，第二组则是先看一遍，停下来回忆一遍，然后再看一遍，再试着回忆一遍。一个小时以后，第一组记得其中 52.5% 的内容，而第二组则记住了其中 75.5% 的内容；一天之后再测验，第一组只记得 30% 的内容了，第二组却还记得 72.5% 的内容；10 天过后，第一组已经遗忘了 75%，仅记得 25%，而第二组虽然记住的内容也有所减少，但依然记得其中 57.5% 的内容。

该实验证明，记忆者在记忆的过程中，通过回忆及时了解自己的记忆效果，也即给予信息反馈，对其提高记忆效果有正面的激励作用。因为反馈信息提高了记忆的自觉性与自主性，如记忆一篇课文，总有一部分是先记住的，或许还有记错的，也有还没记住的，而反馈信息就可以告诉我们哪些部分是已经记住的，哪些记忆出错了，哪些还不够熟练等。

这样既了解了自己的记忆进度，还可以纠正记错的部分，找到记忆的难点并努力攻克；同时，记住的部分越多，我们也就更有信心和成就感。但是，如果得到的反馈结果并不好，我们也免不了急躁，要知道急躁的情绪会影响记忆。此时，需要控制好情绪，深呼吸，暗示自己不要太着急，要知道“心急吃不了热豆腐”。

此外，及时得到反馈信息还可以提高专注力，消除疲劳感。因为长时间埋头记忆，人的注意力很容易分散，大脑也会感到疲劳，此时，如果可以回过头来回忆一下刚才记忆过的一些内容，便可以缓解这种疲劳感。

因此，在学习、记忆的过程中，将阅读和回忆结合起来，不管是看书，还是背诵，或是做笔记，都可以尝试使用尝试回忆训练法，适时地停下来，闭上眼睛，合上书本，在大脑中回想刚刚记忆过的内容，然后再接着阅读和学习，再回忆，再反复回忆。当然，阅读和尝试回忆的时间比也要留意。破案专家认为，对于一些有意义的学习材料，一般尝试回忆的时间要比阅读的时间长一点为宜，不要太吝惜花在回忆上的时间。

值得注意的一点是，很多人在使用尝试回忆训练法学习时都取得了很不错的效果，但他们同时也发现了一个问题，就是当想不起来的时候，如果觉得特别浪费时间，没有必要再回忆下去，直接去翻书查阅。结果事实证明，这样急于翻书查看的做法取得的效果往往并不理想。此外，还需注意回忆时候的准确性。有些时候记忆是会出错的，即使我们记得，却并不意味着是完全准确无误的。所以，在运用尝试回忆训练法时一定要认真和仔细，一旦发现错误就立马纠正，否则养成错误习惯后，再改正就困难了。

三、争论探讨强化记忆法

争论探讨强化记忆法其实就是借助与人针锋相对的讨论来强化记忆的一种方法，该方式符合人类大脑的活动规律。因为在争论的过程中，大脑处在高度紧张的状态，注意力集中，既要全神贯注，认真、仔细地听清对方的观点，分析其中的不足和错误点，还要自行思考、组织和总结自己的观点表述。信息在这样的情况下被输入大脑，是很容易被牢牢记住的。另外，争论还可以帮助我们提高对知识的理解深度，拓宽双方的视野和思路，甚至还可以纠正我们以往的错误见解。古语说得好，“智者千虑，必有一失；愚者千虑，必有一得”。通过争论，一些不足的和错误的观点就会得以暴露和纠正，进而形成正确的记忆。

破案专家建议，在运用争论探讨强化记忆法时，一定要知道自己为何而争论。首先，动机必须要明确。争论探讨是为了加深记忆，强化理解，同时还可以拓宽知识，并非为了输赢。如果为了出风头和斗气，最后吵起架来，就违背了初衷。其次，态度要谦和。既然是为了加深记忆、拓宽知识，就应端正态度，允许对方有错误，也要接受自己的错误。千万不能对对方的错误大加指责，面对自己的错误又不敢承认。最后，要注意主题。主要探讨的是什么问题，争论中最好不要跑题，否则就得不到正确的结论。当然，在激烈的争论中，也不要忘记了拿起你的“烂笔头”，把伙伴们的精彩言论和观点记录下来。

第五章

破案专家联想记忆法

联想记忆法调动的是我们右脑的创造力，它要求我们在资料与资料之间加入自己的想象并建立起一定的联系，然后在脑海中产生某种画面。事实上，人的大脑总是会自动地将新信息与固有的旧信息联系起来。所以，我们可以把大脑的这种自然功能变成一种记忆术，充分发挥我们的想象力和创造力，在两个原本没有明显联系的事物之间找到联系并关联起来。你知道联想记忆法的基本原理吗？你相信自己的想象力吗？联想记忆法都有哪些比较常见而又实用的方法呢？联觉现象与联想记忆法又有何渊源呢？

第一节　联想记忆术原理

一、关于联想记忆法

心理学家威廉·雅姆说过，好记性的秘诀就是依据我们想记住的各种资料展开各种各样的联想；而每一种联想就会成为挂住资料的钩子，有了这个钩子以后，即便资料掉了下来，也一样能够把它再挂上去。可见联想记忆法在记忆的牢固性方面贡献之大。利用事物与事物之间的某种联系，并通过联想的方法加以记忆，就是联想记忆法。

所谓联想，即由对眼前事物的感知或思考想起与之相关的另外一个事物，或者大脑中想起一件事，又由这件事想起了另外一件事。客观事物虽千变万化，各不相同，但相互之间其实都有联系，包括各种知识之间也是相互联结的。心理学家认为，联想是当事人的大脑在接受某一刺激时，浮现出与该刺激有关的事物形象的一个心理过程。所以，在人的思维中，联想是一种最基本的思维方式，也是记忆的一种手段。

人们通过五官的感受可以产生各种联想。视觉上的刺激往往比较直接，如你在大街上看到一位年迈的老人，满脸皱纹，还顶着一头金发，那发型酷似爱因斯坦。这不就使你轻而易举地联想到了爱因斯坦吗？触摸不但可以使我们感受正在发生的事，还可以让我们形成一种很特殊的记忆，如酷爱打麻将的人闭着眼睛，只用手摸也可以辨认出是三条还是红中。小时候你听过很多经典的歌曲，如今已不在大街小巷里传唱，但偶尔你听到了，同样会产生很多感慨，因为那些歌声使你想起了童年时光。

嗅觉或许是记忆功能最强的器官了，就好比你听到一段久违的旋律，或是闻到一股久违的气味，也同样会唤起你很多与之相关的记忆，但这种感觉你却说不清道不明。譬如，一种香水的气味，一盘家常小菜的香味，某种鲜花的芬芳气味，甚至是某个人身上的汗臭味等，都会带给我们不同的记忆。但是，嗅觉记忆却不能帮助我们存储信息，有时候还会将我们引到错误的记忆上去，因为它只是与情感相关，与事实之间出现了误差。

通常而言，联想引导着我们的记忆，我们记忆中的一切事物都可视为与某些经验有联系。而记忆的一种机能就是在有关经验中建立联系，思维越活跃，联想与经验的联系就越牢固。美国记忆术专家哈利·洛雷因曾经说过：“记忆的基本原则就是把新的信息联想于已知信息。”而联想记忆法正是利用联想把需要识记的信息和已知的事物联系在一起，达到增强记忆力的效果。

譬如，领导在电梯里遇到你，顺便要求你转告同事李某一个小时后去他的办公室一趟。为了记住这件事，你只要在脑海中设想一下李某在领导面前点头哈腰的神态即可；这样一见到李某，你就会想起这件事来。这里利用的就是一个思维唤醒另外一个思维的原理，即把两个事物通过想象联系在一起。因此，看到或想起其中任何一个，都可以联想到另外一个。

二、创建关联点

联想记忆法的关键环节是找到记忆的关联点。

中国明朝时期的政治家和诗人于谦就很善于寻找知识中的关联点。他的祖父于文在明成祖朱棣永乐年间担任过兵部主事一职，对文天祥特别崇拜，还把他的画像挂在自己的书房内，并且经常给于谦讲文天祥的英勇故事。或许正是在祖父的言传身教之下，于谦渐渐对文天祥产生了敬意，也把他的画像挂在了自己书房的墙壁上，抄写了两首文天祥的诗贴在画像的旁边，每次抬头都会看到，以此勉励自己。

在这两首诗中有一首很有名的《过零丁洋》：“辛苦遭逢起一经，干戈寥落四周星。山河破碎风飘絮，身世浮沉雨打萍。惶恐滩头说惶恐，零丁洋里叹零丁。人生自古谁无死，留取丹心照汗青。”一次，于谦对祖父说，他在文天祥的诗中发现了做人的基本道理，即“生为民族，死为国家”。祖父听后连连点头。后来，他自己做了四句诗题在文天祥画像的角落上，即“孤忠大节，万古修传。我瞻遗像，清风凛然”。

祖父则在下面补上“宁为玉碎，不为瓦全”两句。

当时，于谦的家乡百姓主要以烧石灰为生，他们每天都要从山中挖一些青黑色的石头，然后将它们放进用砖堆砌起来的小窑洞里用火烤。一天一夜后，坚硬的青黑石头便成了生石灰。需要使用的时候再用凉水浇上去，生石灰便会变成洁白的粉末。于谦几乎每天都看人们这样制作生石灰，9 岁的他看着那洁白的石灰粉，突然想起祖父后来补上去的两句诗“宁为玉碎，不为瓦全”，顿时心生感慨，再也按捺不住内心的冲动，于是他飞奔回家，奋笔疾书，作出了那首有名的《石灰吟》：“千锤万凿出深山，烈火焚烧若等闲。粉身碎骨浑不怕，要留清白在人间。”如同他在文天祥的诗中悟出的做人志向一样，这首诗用石灰暗喻了于谦自己的做人志向。

可见，联想有时候只需要一个关联点，便可以延展出无限的链条和枝蔓。于谦受到文天祥诗歌的启发，又结合自己最熟悉的事物，联想到祖父的那句“宁为玉碎，不为瓦全”，在《石灰吟》中充分表达了自己的志向。

那么，我们要怎样创建关联点呢？要想尽快地从一件事连接到另外一件事，最快的办法就是在两者之间找到联系。破案专家认为，一个人的经验在联想中很关键。以往的经历、某件事、某句话或某种感觉等，其实都可以拿来当作联想的参照物。

比如，“离别”和“母鸡”这两个词要怎么联系在一起呢？如果它们都能够激发起你的联想或回忆，那不妨就试着结合已有经验联想一番——“离别”这个词总是会让人想起火车站，而一想到火车站，你就自然而然地想起了第一次一个人坐火车的情形，寒冷的空气，周围拥堵的人群，你永远都忘不了当时的孤独，周围的热闹和你内心的孤独感形成强烈的对比。

你背着行囊，包里还有两个热乎乎的鸡蛋，那是妈妈特意给你煮的,但你一路上都舍不得吃。这段经历是不是印象特别深刻？为什么？因为当时的你带着悲伤的离别情绪，而那时唯一能够给你温暖的就是那两个热鸡蛋，你当然记忆深刻。火车站是“离别”的地方，而鸡蛋也顺理成章地使你联想到“母鸡”，于是，“离别”和“鸡蛋”这两个词之间就有了联系。

第二节　形象联想法和想象力

形象联想法就是把需要识记的材料与某些具体的事物、字母、数字、汉字，包括一些图形等联系起来，借助形象思维记忆，想象记忆。而这种形象记忆法需要充分调动我们的想象力。譬如，人们把中国在地图上的轮廓想象成一只雄鸡，把意大利的轮廓想象成一只高跟靴子。

我们的感官此时也需要被充分调动，它们不仅可以引导我们回忆起以往的经历，还可以帮助我们激发想象力。事实上，记忆力本身与创造力密不可分，因为人的大脑中许多功能都是围绕着记忆力而展开的，我们要提升记忆力，很大程度上还要依靠创造力的作用。比如，有些事物与我们所知道的其他东西完全没有共性和关联，那要如何去记住呢？这个时候，联想记忆法就要求我们充分发挥想象力了。

11 世纪，有名的犹太拉比与哲学家耶胡达 · 哈勒维阐述了人类相关联的两种能力，即形象化的能力和保存的能力。也就是说，当一个人想要记住某样东西或事物时，他会对自己的想象力下发指令，去召唤深埋在内心的图像和场景，并借助保存的能力将它们刻在心上。譬如，他们需要记住西奈山的神圣启示，只要想象一下自己正站在以色列人中仔细聆听先知摩西向他们颁布“十诫”时候的情境就可以了。也就是说，在使用联想记忆法时，我们需要将全身心的感觉都融入其中，视觉、听觉、味觉、嗅觉、触觉等，这些都可以辅助我们完成联想的过程。

而古希腊人也有同样的经验和见解，认为良好记忆力的基础是联想和想象力。不过，作为该理论开创者的犹太人则更强调想象力的作用。包括罗马人和那些表演超凡记忆力的艺人，他们所表现出来的记忆方法和技巧，几乎都是基于丰富的想象力，即在大脑中建立大胆而生动、强而有力的画面，以此建立起各种事物之间的联系。

比如，想象着你抱着一只咖啡色的熊，它浑身散发出橘子的香味（慢慢地将这两种感觉融汇在一起）；再想象着这只熊是用果冻捏成的，并可以在地上像橡皮一样跳动，尝起来有点香蕉的味道。这一系列想象出的形象至少需要在你的大脑中停留数分钟，尽可能地让它们都鲜活起来。如果感觉不到位，或发现大脑在开小差，要立即从头开始重新训练一遍。这样一来，“咖啡、橘子、果冻、橡皮、香蕉”几个词语就变成了形象，印在你的脑海里，并且这种想象越生动，印象就越深刻。

当日本的小松原三夫先生还是个高尔夫球的菜鸟时，就已深深体悟到记忆力在学习打高尔夫球过程中的重要性。年深日久，当年的高尔夫球菜鸟已经成为一位颇有名望的高尔夫球教练，在教那些初学者打球时，他总是使用形象性的想象法去教学员，实践证明，这种方法十分有效。

比如，打高尔夫球时的站立姿势，小松原三夫先生不是一味地强调初学者要摆出那些腰部和腿部姿势，而是要求他们想象地面上放着一块巨大而沉重的石头，现在要用双手将其举至齐腰的位置。搬石头是什么样的姿势？大家都能够想象和示范得出来，腰部上挺，臀部略微后抬，膝盖部位也要稍微弯曲，后背随之缓慢挺起来。于是，学员们在记忆打高尔夫球的正确站姿时，只需要记住自己正在搬一块石头，就能够记住全部的姿势了。

再如，挥动球棒时的姿势，小松原三夫先生要求学员们想象着一根下端被固定住的橡皮筋，然后用力地拉拽另外一端，此时，橡皮筋会产生一股还原的动力。由后方向下挥棒时，其动作原理与橡皮筋相同，将人的下半身视作橡皮筋，双脚固定在原地，扭动双肩，上身随之转动，人体就会产生还原的力量。注意，下端一定要固定住，不然就无法产生还原的力量。对于很多初学者来说，要十分到位地记住要领并做出这些肢体动作，绝非一件易事，但小松原三夫先生借助形象想象法就让这一系列动作变得简单，加强了初学者对动作的记忆。

这种形象联想记忆法在体育和其他领域都有运用。美国篮球教练马克尔·赫兹就曾做过这样一个实验：他把篮球的罚球训练分成三个小组，第一组每天训练 20 分钟，连续训练 20 天；第二组在 20 天内不进行任何罚球训练；第三组每天坚持训练 30 分钟，也是 20 天的时间，但他们并非在球场上练习，而只是在大脑中做投篮的想象练习。实验的结果证实，第二组的罚球技能毫无提升，第一组在球场上大汗淋漓训练的结果是提高了 24% 的得分，第三组提高了 23% 的得分。

俄罗斯最大的一家杂志上刊登过一篇题为《国际比赛——大脑思维比赛》的文章，在文中作者向我们揭开了选手阿尔卡击败夺魁呼声最高的选手恰大拉夺得国际象棋冠军宝座的真正原因。原来，阿尔卡是在决赛前调整了自己的战术，回到乡下戒烟戒酒并锻炼体能，更重要的是，他在那段时间里一直在做国际象棋比赛的想象性训练。

可见，形象想象记忆法的效果非同一般，它完全可以随时随地在我们的大脑中进行训练，不知不觉中增强了记忆力。当然，很多人会担心自己的想象力并非那么丰富，难以进行这样的记忆力训练。其实，这种担心完全是多余的，因为人类的想象力是与生俱来的一种能力，也是人脑与电脑最大的区别之一，关键在于你是否运用了正确的想象技巧。

第三节　几种常见的联想记忆法

一、联想的六种方式

其实，联想记忆法比较常用的联想方式非常多。一般来说，相互接近的事物、相互对立的事物和相似的事物之间都很容易让我们产生联想，即接近联想、类似联想、对比联想，还有因果联想等。日常生活中，很多人经常会在出门之后，看到商店时才想起自己忘记带钱包了。如果我们在平时养成经常联想和运用联想的习惯，便可增强记忆的效果。

1. 接近联想。识记对象在时间或空间上有比较接近的关系，由这种关系而建立起来的联想记忆法就称为接近联想。也可以是一个人同时或先后经历的两件事情在思想中互相关联、互相结合，日后在回想起其中一件事情时，另外一件事也会顺其自然地浮现在大脑中。譬如，望梅止渴这个成语，意思是看到梅子时，脑海中所有与梅子有联系的感受都被调动了起来，一想到梅子的味道，就能够促使唾液分泌。

所以，如果能够找到两种事物之间的类似联系，我们就可以用接近联想法来进行记忆。譬如，1921 年中国共产党成立，1911 年辛亥革命发生，1931 年“九一八”事变，1941 年“皖南事变”，在记忆这四件中国历史大事件时，可以先把它们按照时间先后顺序排列好，然后发现它们两两间相差的时间都是 10 年。因此，采用接近记忆法就是想起了其中的一个，就可以立即由“10 年”推想出其余的 3 个来。

2. 类似联想。如果识记对象之间在性质、成因、规律等方面存在相似性，那我们就可以使用类似联想法来记忆。通过这些相似性建立联系点，从而达到由其中一件事物联想到另一件事物的记忆目的。如果能够将识记材料和我们自身体验过的事物联系起来，可以通过感知和回忆与其性质相似的事物，更好地反映出事物之间的相似性或共性，记忆的效果会更好。譬如，把宁静、肃静、静谧等都有安静这层含义的词语放在一起记忆，这一点和对比记忆法颇为类似，不仅能够帮助记忆，还可以使我们更好地辨别其差异。

3. 对比联想。找出识记材料之间的明显对立的特点，由此加以联想记忆。与类似联想不同的是，对比联想重点寻找的是事物之间的不同之处，并由此差异性展开记忆，掌握各自的特点，以此来增强记忆力。也就是说，当我们看到、听到或回忆起一个事物时，会马上想起与之相对的另外一个事物；在学习中运用对比联想法，可以帮助我们对知识更加全面地认识和理解。譬如，地理课本中的气旋和反气旋知识，我们在记忆其气压分布状况、气流状况以及天气情况时，都可以运用对比联想法，只要记住气旋或反气旋中的一种，便可以记住另外一种。

4. 因果联想。前因后果，这是事物之间的规律，有因就有果。所以，利用事物之间的因果关系并由此事物联想到彼事物，即为因果联想法。

5. 故事联想。故事联想就是通过讲故事的方式来联想记忆。比如，语文课本中有一个作家叫夏目漱石，他的主要代表作很多，像《我是猫》《草枕》《虞美人草》《三四郎》《从此》《门》《行人》《一直到对岸》《道草》《明暗》，同学们在记忆时要么遗漏，要么就是和其他作家混淆。而日本记忆专家坂井照夫就能够一个不漏地记忆下来。也许你认为他肯定是背了很久，但实际上他运用了故事联想法，很快就记住了。坂井照夫把夏目漱石的作品编成的故事是这样的："我们是猫，枕着草枕睡觉，草枕上画着虞美人草，三四郎践踏虞美人草，三四郎从此入门，门前蹲着来往行人，行人一直到对岸采道草，道草是有明暗之别的道路。"结果，他花了最少的时间，记住了夏目漱石的全部作品及其作品的顺序。

再如，同学们在记忆鲁迅的作品时，同样可以将其编成一则小故事：鲁迅有一本《狂人日记》，日记上写的是《孔乙己》《从百草园到三味书屋》的经历，做了《一件小事》之后，他便回到了《故乡》，和昔日的小伙伴们一起看了场《社戏》。

因此，在记忆词语、单词或短句时，不妨试着将它们串联到一个故事中去，故事不要求真实性，也不需要完全符合逻辑，有一定的趣味性最好，只要自己能够通过这则小故事记住需要记忆的内容就可以了。如果识记的材料还要求记住顺序，那么，在编故事时就要安排好它们出场的顺序。这样一来，不仅记住了内容，也记住了顺序。

6. 荒谬联想。联想记忆法不仅需要视觉、听觉、嗅觉、触觉等感官感受的集体参与，还应当结合某些夸张、夸大、具有刺激性，甚至是违背常理逻辑的事物来帮助我们记忆。荒谬联想，正是一种颇具荒谬性的联想，是非自然的联想，有点夸张，有点谬化，甚至离奇古怪的一种联想形式。

通过这样的联想，把一些比较零散的知识串联起来，在大脑中构成一连串的物象，增强了知识对我们的吸引力和刺激性，进而让识记内容更深刻地留在我的大脑中。譬如，把人想象成原始生物或外星人，把动物想象成懂事理和会说话的人。有些需要识记的东西通过这种夸张的手段，或放大，或缩小，或神化，或谬化，最后在我们的印象中越是离奇、荒谬、可笑的，记忆就越深刻。

3000 多年之前，古埃及人曾在《阿德 · 海莱谬》中这样记载："我们每天所见的琐碎、司空见惯之小事，一般都记不住。而听到或见到的一些稀奇古怪的、丑恶的、惊人的、带有低级趣味的不同寻常之事，却都能够清楚记得并长期记忆。"也就是说，平常的、经常遇见的事情很容易从人们的记忆中漏掉，而那些一反常态的、违背常理的事情却最令人印象深刻。

我们在使用荒谬联想法识记材料时，需要掌握荒谬联想的三个要领：一是联想到的内容一定要新奇、可笑；二是联想到的事物还要有动态感，就好像在播放视频画面一样；三是联想到的事物要比实际情况大、重、多，总之，越违背常理越好。

二、联想记忆法的三种形式

联想记忆法根据识记对象的特征可以分为三种形式，即一点式记忆、两点式记忆和多点式记忆。

1. 一点式记忆

一点式记忆，是指记忆诸如一个人名、地名或者是其他形式抽象、不可理解、没有意义的材料。生活中最常见的莫过于记人名了，当你在聚会上结识了一位或几位新朋友时，除了要记得人家长什么样之外，还得记住他们的名字。而对于记忆这种陌生的知识点，我们要做的就是给这个人名赋予一个形象，或者是自行创建某种联系。

比如，“门佑军”这个名字，初次见面，如果你观察够仔细的话，你会看到他高大结实的身材，长着一张轮廓鲜明的脸，最具标志性的特征是他有一个又高又挺的鼻子，鼻头还有点大……打住，我们是说他的名字该如何记忆，观察这些做什么？别急，这些外部特征你也很有必要了解一番，“门”使你联想到什么？是他那张轮廓粗犷的脸，高大结实的身材使你想起国家的保卫者——军人，他们挺直腰杆，时刻以保卫国家和人民为宗旨。这么一来，“门佑军”便被赋予了一个形象：站在国家门口，以保佑国家和人民为宗旨的军人。

同样，我们还可以用一点式联想来记忆地名。比如，“平阳”这个地方，我们可以这样想象：有一只山羊把头伸进瓶子中喝水，但头拔不出来了，于是，可怜的山羊从此以后只好头顶瓶子到处找吃的。人们见它头上有个瓶子，就叫它“瓶羊”（平阳）。这里不仅有想象，还运用到了谐音。

另外，有些抽象概念也比较难以记忆。像我们常说的“艾宾浩斯遗忘曲线”，这是德国的艾宾浩斯通过亲自实验总结出的关于遗忘规律的曲线图。而对于“艾宾浩斯”这四个字，我们可以这样联想：从前有一只耗子，它不小心掉进了冰冷的水里，结果被冰死了，即挨了冰冻的耗子死了，“挨冰耗死”。

2. 两点式记忆

两点式记忆，是指要在两个事物之间建立起某种对应关系，达到相互关联的目的。譬如，某部作品与作者，正方形与正方形的面积计算公式，一个国家和该国家的气候特征等。两点式记忆的对象一般是两个，可以是两个知识点之间的相互关联，也可以是两种事物之间的共通之处。挖掘其自身固有的内在联系，或者是运用想象力自行为其制造关联。

比如，记忆英文单词“China”的汉语意义“中国”，我们可以先寻找该单词与词义“中国”之间的内在联系——china的意思是瓷器，而瓷器的发源地是中国，历史上外国人都称中国是“瓷器之国”。我们还可以在“China”和中国之间人为地建立某些联系——“China”的发音酷似“茶爱那”，中国人爱喝茶，而茶在历史上刚被移植到英国时，由于“水土不服”和“思乡心切”，几乎都难以存活。因此，英国人觉得，不但是中国人爱茶，连茶都深爱着中国，中国就是茶树爱着的那个国家，即“茶爱那”（China）。这样的联想在大脑中反复重复，自然就将“China”和“中国”关联了起来。

再如，在记忆国家及其首都时，同样也是两点式记忆法。我们知道刚果的首都是布拉柴维尔，在识记初期，为了迅速、准确地记忆，我们可以这样联想：有一种坚硬如钢铁的果实叫刚果，人的牙齿无法将它咬碎，但要用柴草棒子敲打，一敲即碎；因此，你开始到处寻找柴草棒子，好把刚果敲开了给儿子吃（其中“布拉”是方言“用手寻找”的意思），即“布拉柴为儿”（布拉柴维尔）。

3. 多点式记忆

多点式记忆，是指识记对象超过两个并需要在彼此之间找到联系，如中国的省份及每个省份的省会。在识记的过程中需要选择适合的记忆法并配合其他记忆技巧辅助记忆。譬如，我们说过的循环记忆法、对比记忆法、过度记忆法、尝试回忆训练法、故事联想法、口诀法等。在记忆对象不止两个的情况下，即为多点式记忆。

第四节　联想记忆法中的联觉应用

俄国有一位著名的记者所罗门·舍列舍夫斯基，他也是非常有名的记忆术表演者，被冠以“世界最强记忆”的称号。他借助自己那天马行空的想象力和各种各样的联想技巧进行记忆，甚至在听完一篇演讲稿或一首音乐之后立马就能够看到颜色、闻到气味，并且同时产生其他的连带反应。如此奇妙的记忆现象，引起了很多人的关注。

1920 年，苏联心理学家卢里亚对舍列舍夫斯基令人叹为观止的记忆力展开了研究，最终发现其超凡记忆力背后的真正“幕后推手”——联觉，也叫通感。就是说，舍列舍夫斯基有感官共享的能力，他可以“看到”声音，“听见”颜色，“闻到”画面，似乎很不可思议。

科学家研究指出，各种感官之间相互综合，即为联觉。它是一种感官刺激或认知途径，可以自发并且非主动地引起另外一种感官的认知。想象一下吧，你看到一些数字、字母或文字，便联想到了某种特定的颜色；听到一些词语的发音，你便会感觉到自己的舌头上有了特别的味道，就是这么回事。

其中最常见的联觉是“色与听”的联觉，就是对色彩的感觉能够引发与之相对应的听觉。美国国家健康研究所的神经学家格林森巴彻认为，联觉是一种神经系统出现的状况，但它却不会被认为是神经失调的表现，因为联觉是上天赐予的“恩惠”，它非但不会干扰一个人正常能力的发挥，还能为拥有联觉能力的人带来极大的优势。

或许你听说过联觉现象，它并非人人都有，但每个人在降生的初期都平等地拥有它，只不过在后天的成长中，只有少数人保留了这种能力。

研究发现，联觉现象多出现在数学差的人身上，另外还有左撇子、方向感比较差、有预知经历的人，他们通常也会出现联觉现象。此外，还有人认为联觉现象与一个人的创造力相关，那些创造力极强的科学家和艺术家们大多都有联觉的能力。而关于具有联觉能力的人在这个世界上到底有多少的说法，始终不一。有研究认为，每 20 万人中会有一个人有联觉能力；也有研究认为，每两万人中就有一个人是联觉人。而最新的随机抽样调查表明，基本上在 23 个人里就有一个人有联觉的经历。

包括舍列舍夫斯基在内的有联觉能力的人，他们的创造力和记忆力都是超凡的，这是由于联觉的作用。然而，联觉能力并非世界上的每一个人都具备。因此，读到这里，假如你不是一个得到上帝“恩惠”的人，肯定要失望了，没有联觉能力，一定也无法拥有超凡的记忆力了！但事实上，即使不具备联觉的能力，我们也同样可以做到相同的事。

有这样一组词要求记忆：窗、蛇、海棠花、柚子、蜡烛、平底锅、番茄、自行车、鳄鱼、蓝色晚礼服。

下面我们一起来尝试使用感官共享的办法记住它们。

第一个词是“窗”——现在好好想想你家的窗户是什么样子的，多大、由几块玻璃组成、玻璃或干净或满是污迹、窗边是铁质的还是铝合金的、外层有没有防护窗……想象得越仔细越好，不要放过任何一个细节。

第二个词是“蛇”——“窗”是否已经铭记于心了？如果是，现在就把“蛇”和“窗”联系起来，在两者之间建立联系。而此时就需要运用到荒谬联想了，因为你接下来的联想会不符合逻辑，甚至非常荒诞：一条比成年人的胳膊还要粗的、体型巨大的蛇，弯弯曲曲地趴在你家窗户的透明玻璃上。是不是觉得很可怕、很恶心？没关系，越可怕、越恶心的画面就越是能够让你记得牢。

第三个词是“海棠花”——确保你记住了上一个蛇盘在窗户玻璃上的画面，现在开始在“蛇”与“海棠花”之间建立联系。你的海棠花被摆在阳台上，迎着阳光十分欢快地盛开着，而这条又粗又滑的蛇一夜之间居然爬到你的海棠花盆里去了，它盘成了一个圆盘。你看着那娇艳的花儿和那条令人恶心和害怕的大蛇，这对你的视觉简直就是一种摧毁性的冲击，你矛盾的内心充满了痛苦和斗争。

接下来是“柚子”——记住了上一个令你痛苦的画面之后，接着在“海棠花”和“柚子”之间建立联系。想象一下你去买了一个大柚子状的花盆回来，准备换掉原来的花盆，这个柚子状的花盆外表鲜艳，上端还有一个口，里面装满了黑色的营养土。

下面是“蜡烛”——现在需要把“柚子”和“蜡烛”联系起来，想象着你正准备去换花盆，但蛇突然伸出了脑袋，你不得不停住并倒退几步，聪明的你拿来一根蜡烛，插在了柚子形状的花盆里并点燃了。

继续联想，第六个词是“平底锅”——将“蜡烛”和“平底锅”联系起来，不妨想象着你正举着一个平底锅，在点燃的蜡烛上烹饪。

接下来的词是“番茄”——确定记住了前面的画面之后，要把“平底锅”和“番茄”联系起来了，这个很好联系，想象着你的平底锅上放着红色的番茄，然后你听到微小的响声，还闻到了被烧焦的味道！你用惋惜的眼神看着那一半红一半黑的番茄。留意画面中的颜色对比。

接着是“自行车”——你有一辆上学时候就开始骑的白色自行车，把它的两个轮子想象成被烤焦了的番茄，现在你骑着它去逛大街，风一吹，你闻到了香浓的番茄味，其中也夹杂着一丝橡胶味。

第九个词是“鳄鱼”——现在来想象，你的自行车后座上躺着一只小型鳄鱼，仔细想象它的皮肤、它的大嘴、它的长尾巴和身上不太好闻的气味。

最后一个词是“蓝色晚礼服”——要怎么在“鳄鱼”和“蓝色晚礼服”之间建立联系呢？不妨想象一下鳄鱼穿上蓝色晚礼服是怎么样的一幅画面，尤其是一只雄性鳄鱼。

词语全部联想完之后，现在来测验一下，看看我们都记住了哪些词语。

第一个词是“窗”，想必已经很好记忆了。那么，在窗户上趴着的是什么？对了，像成年人胳膊那么粗的“蛇”。蛇最后跑到了哪里？“海棠花”盆里。你想换掉那个花盆，于是去买回了一个什么样的花盆回来？一个酷似“柚子”的、里面装满了营养土的花盆。结果，你最终并没有成功换掉花盆，而是在那个“柚子”花盆里放了什么？一根被点燃了的“蜡烛”。这根“蜡烛”的火焰上有一个“平底锅”正在加热，而“平底锅”中放着一个圆圆的红色“番茄”，结果番茄被烧焦了，味道如何？像“自行车”轮烤焦的气味。那“自行车”的后座上坐着的是谁？一只小小的雄性“鳄鱼”，可它居然穿着一件蓝色的晚礼服。就这样，我们记住了这 10 个词，并且顺序准确。

但是，假如你没有记对，遗漏了其中一个或几个词，那也没有关系，只能说明你想象得还不够生动和大胆，画面还没有深入你的内心。或者，以上联想的画面并不适合你，你需要自己设计更为大胆和容易记忆的联想画面。总之，一定要尝试使用最适合自己的联想画面。

事实上，从上面的这个例子中我们已经知道，在联想中必须加入一些情感因素。比如，在刚才的想象画面中，当你想到有一条大蛇在窗户上趴着时，是不是一下子就产生了恐惧的情绪？对，联想到这个画面，我们都会不由自主地感到惊恐，这样的情绪一旦形成，我们的感官就开始发挥作用，如嗅觉。研究发现，大脑中的嗅觉中枢和大脑中负责记忆、学习的部位紧密相连，所以，如果当时周围围绕着某种气味，你一定会印象深刻。而在上面的例子中，我们的感官实现了并用，这就使得整个联想变得深刻，想象力得以升级。

第六章

破案专家图像记忆法

你还记得10年前的事情吗？或者是15年前的？也许你早已忘了10年前自己所听到的一切，却对某些画面印象深刻。人们总是会说，图像胜过千言万语。一件事情被清晰地呈现在脑海中是一个有意识的过程，或许是一个数字、一个词语或一种想法，一旦在你的大脑中形成图像，结果就是你会记得更加牢固。图像记忆法是如何运作的？需要注意什么问题？什么是图像锁链法？使用图像记忆法的诀窍在哪儿？该如何去记忆书本上的知识呢？

第一节 图像记忆术原理

一、大脑中的图像

图像记忆法和前面我们介绍过的记忆方法一样，也是记忆术的一种。现在我们来激活一下自己的记忆，或许你会发现有一组组图片在脑海中展开，就像播放幻灯片一样。如果你想在哪一张图片上停下来，或者保留其中一张，需要依赖感觉器官对其加以登记；有时候，如果你够细心，不但可以保留视觉性的映像，而且连听觉和触觉性的特征都能够得以保存。

如果你在浏览杂志时只是为了娱乐，并非有意识地学习，或者说你对当前正在学习的材料丝毫不感兴趣，那将不会产生任何心理表象。因为没有兴趣、没有投入注意力，并且没想过记住任何内容，更不指望以后派上用场，信息就不会进入大脑转换成图像被记住。

图像记忆法合乎人类大脑运作的模式，能够让人们瞬间记住数千个电话号码并且保证一周之内不会遗忘。这是因为大脑通常是用图像来思考的，比如，当你看到“一群蚂蚁搬着食物排成长长的队伍回家去了”这句话时，大脑第一时间会作何反应？是不是已经在大脑中形成了这样的画面？是的，这些字不会首先出现在你的大脑中，最先出现的是图像。如“有一只花猫在睡觉”，你的大脑影像中会出现一只花猫在太阳下蜷缩成一团，眯着眼睛在睡觉，还有均匀的鼾声，肚皮随着呼吸在上下起伏。

所以说，人们的大脑是用图像来思考的，而图像记忆法就是最合乎大脑运作模式的一种记忆术。右脑想要记住什么，大脑就会将它们转化成图像摄入脑海，就像录像机或照相机一样，等到需要时，脑海中的图像就会浮现出来了。

二、左右脑分工

如果想要更深层地了解图像记忆的运作原理，就不得不提及人的大脑。其实我们用来学习和存储信息的大脑并非一个，脑干作为大脑中最古老的组成部分，担负着应急保护的职责，它的能力使我们继续生存下去。比如，当我们睡着的时候，外界如果出现什么动静，哪怕是十分轻微的响动，脑干便会马上觉醒并提醒我们。边缘系统则是第二古老的组成部分，掌控着我们的情绪与愉悦度。

而我们现在经常听说的“左脑和右脑”，其实是大脑的最新组成部分，也叫大脑皮层，它让人类成为自然界的主人。左脑和右脑之间是借助胼胝体建立连接的，如此一来，我们的想法就能够按照各自的意愿由一处传到另外一处了。但它们是各自承担着不同的任务的，所以很多时候，为了更好地调动起各种机能，就需要两者间的共同协调合作。

一般来说，左脑主管理解、分析、判断、做决断，右脑主管创意、想象力、感性、图像。即左脑是表层意识，右脑是潜意识（深层意识），超强的记忆力就存在于潜意识之中。如果只是用左脑来记忆，速度快，但遗忘的速度更快，所以，为了提升记忆力，非常有必要让右脑共同参与记忆。

但左脑与右脑之间往往有一堵墙，人们普遍善于使用左脑而忽略了右脑，导致右脑一直处在休眠状态。大多数记忆力超凡的人都是右脑学习者，或者是全脑学习者，即左右脑并用。比如，达·芬奇，他是个画家，但他也是在其他许多学术领域里最有成就的人，如雕刻、基础科学、建筑、机械学、生理学、解剖学、天文学、地质学、物理学、发明、工程学、航空学等。据说，在欧洲的宫廷，你只要随便给他一把弦乐器，达·芬奇都能够即兴作曲，演奏并演唱。此外，安徒生、伽利略、爱迪生等伟大人物，也都是右脑学习者。

左脑和右脑的用法是不同的，右脑被称为“图像脑”，图像记忆法就是利用了右脑的无限意识速度。比如，速听和速视就能够改变我们的大脑机能，让脑电波变为 α 波，使得信息传递的速度变快了，大脑运作的速度也随之提升，思考和记忆的速度跟着加快。实际上，右脑的意识速度是左脑的100万倍，用左脑阅读时，一分钟或许能看400～600字，但使用右脑阅读的话，甚至一分钟可以看完一本书，有些右脑学习者还可以将其中的内容一字不落地背出来，这就是所谓的“过目不忘”吧。

事实上，我们的右脑不但掌管着图像，也同样控制着语言行为。人们学习语言可分成左脑与右脑，假如只用左脑，即便花上十几年的时间都难以真正掌握它，如我们学习英语，有的人不但笔试成绩好，而且遇到老外也能够流畅地对话，可有些人就不行，因为前者善于使用右脑学习。

三、图像的联结

图像记忆法主要是借助联想的形式，把需要识记的东西经过夸张处理，使其容易引起识记者的注意和兴趣并且不讲究是否符合逻辑的一种记忆方法。其理论基础是，随着人的年龄的增长，语义记忆能力逐渐减弱，情景记忆的能力逐渐加强。因此，为了适应该变化，便于记忆和回忆，就要把那些需要进行语义记忆的东西采用特别的方式联系起来，也就是采用人为联系的方式。

图像记忆法的一个关键是建立联结。可以说，不管我们要记的东西是什么，都必须将其与我们内心中的某种稳定的事物联想在一起，即联结起来。所谓联结，其实就是把两个不同的东西放在一起并且彼此有接触的关系，而这种联结必须是有实实在在的接触的。比如，一张纸和一支笔被摆在桌子上，它们之间不存在任何联结，但如果你将笔放在了纸上，或者是把笔尖插进了纸里，就会产生联结。

当然，只有联结还不行，还要让图像有趣、有情境、夸张和卡通起来。现在可以伸出我们的双手，各伸出一根手指来搭在一起，这是联结，但如果和“十指紧扣”式的动作比起来，哪一种给你的感觉更紧密牢固呢？当然是后者，所以，“十指紧扣”式的联结才是图像记忆法真正需要的联结。所谓“十指紧扣”式的联结，其实就是有尽可能多的感官感受共同参与，画面有趣、夸张，甚至扭曲，情境中包括色彩、空间、声音以及当事人的真切感受的一种图像模式。

第二节　图像转换的常见方法

一、化抽象为具象的办法

图像从何而来？毋庸置疑，通过眼睛观察便可以得到图像。但实际上，图像还可以由听觉、嗅觉、触觉、味觉感知而来，这一点在上一章的联想记忆法中已经介绍过。而图像记忆法中的图像需要有趣、有情境、夸张和卡通一点，甚至充满荒谬色彩也未尝不可，这与联想记忆法比较相似。需要重点说明的是图像的情境性，这就要求我们创建的图像逼真而生动，仿佛自己正身临其境，包括周围的声音、空气等。所以，最好结合自身的经历，那种身临其境的感觉越逼真，图像才会越清晰易记。

在“联想记忆法”那一章中，或许你还记得那个“大蛇在窗户上趴着”的画面，令人惊恐又恶心。没错，我们在使用图像记忆法时需要的图像就要有这样的效果。

但往往很多时候，并非所有的识记对象或文字都可以被迅速转化为图像。譬如，“愉悦、幸福、绝望、政治”等，这个时候就需要我们把抽象的意义转变为具体的、生动的图像了。化抽象为具像的方法和技巧有以下四种：

第一，可以采用“加减”法。就是把原本的词语通过加字或减字的方式变成另外一个词。我们可以在某个抽象词语中间加字或减字，如“抽象”这个词，可以变成“抽（打大）象”，“快乐”可以变成“快（来玩）乐”，虽然添字之后的意思发生了极大变化，但事实上我们已经将其转换成了一幅只属于自己的图像，这样就便于记忆了。

第二，使用联想法。譬如，“人生满足感”，这是个极为抽象的短语，怎么样才能将它转换成图像呢？这里不妨使用联想法。你可以想象着有一个人，他一生下来就长着一副吃饱了之后的饱腹模样，甚至你还可以把这个画面想象得更生动一点——他跷着二郎腿坐在饭桌前，心满意足地剔着牙齿，眼睛眯成了两条线。然后把这个图像和“人生满足感”联系起来，两者的连接就建立了，抽象短语就转变成了具体的图像。

第三，运用谐音法。比如，“交代”这个词也比较抽象，我们使用谐音法就可以将其变成“胶带”。谐音法是记忆的一条捷径，可以让一些抽象、艰涩、枯燥的词语变得生动和幽默起来。还有“临阵脱逃”这个成语，相传画师李奎曾经画了一幅画来讽刺慈禧太后的“临阵脱逃”行为，这幅画就是采用了谐音的意义，画了一个“拖桃”的场面，十分生动风趣。

第四，使用“曼陀罗思考法”。这个方法也叫作“井”字法，是一种可以激发创意，同时训练大脑的方法。在使用“井”字法时，可以先在纸上画一个大一点的“井”字，然后在“井”字中间的口内写出我们需要转化的词语或东西，如之前所说的“幸福”，接着在“井”字的外围部分写出我们自己对“幸福”的一些想法，如“有人关心，回家有饭吃，看电视，打游戏，睡觉睡到自然醒，涨工资，升职，家庭和睦”。

注意，“井”字外围有8个部分，所以要尽可能地写出8个，并且每想出一个就在脑海中创建一个画面，可以是你平时生活的场景，也可以是你的假想，这是“井”字法中的水平思考法。还有一种是垂直思考法，如把刚才由“幸福”想到的“家庭和睦”单独抽出来，再写一个“井”字，把“家庭和睦”放在中间，再次联想写出8个来，这就是垂直思考法。

通过这样的方式，我们最终由“幸福”联想到的相应图像就有很多了，“幸福”这个抽象的概念也就变成了一个个具体的生活场景。这也正是“井”字法能够激发我们的创造力和训练大脑的原因了。

二、数字如何转化成图像

在我们需要记忆一长串数字时，有没有想过把它们变成一幅幅的图像？这样会更好记忆。事实上，将数字转化成图像的做法在很早之前就已经被犹太人使用过，他们有一套属于自己的数字—图像记忆系统。或许了解了这个记忆系统，会对我们有所启发和帮助。

阿拉伯数字由1到10，这我们都知道。下面就来看看犹太人是如何将这10个数字转换成图像的。

看到数字 1，你会联想到什么？犹太人阿利耶拉比并不会要求我们去想象这个数字，而是去想象一根标枪的样子，或者是一根矛，注意，一根竖立起来的矛，是不是和数字 1 很像？

现在试着想象诺亚方舟的故事，故事里的动物总是喜欢结伴而来。于是，数字 2 就可以转换成诺亚方舟的图像。

数字 3 是阿利耶拉比在吃饭的时候想起来的，因为他看到手中的叉子看上去非常像数字 3。

把数字 4 想象成一把锯子，见过你们家的锯子吗？ 4 下面的腿像极了锯子的拉手。想象一下，你现在正拿着它在努力地锯着一根木头。

如果不出意外的话，数字 5 很容易就使你想到手掌，因为你有 5 根手指。事实上，在阿拉伯语中，“捍煞（hamsa）”是 5 的意思，图案的设计正是五根手指并在一起的手掌，在手心正中间还有一只睁开的眼睛，作用是用以抵挡邪恶与地震。如今，在很多犹太家庭中，墙壁上还会有这样的图案装饰，“捍煞”成为一种护身符，可以驱除邪恶的灵魂与不好的运气，并且保佑家人平安和好运。

接着想象数字 6，看上去像不像一把被挂住的大大的钩子？阿利耶拉比也这样认为，只不过 6 下面的圆环被弯到最里面去了。

数字 7 是不是很容易让你想起一周的七天？对，每个星期都有 7 天，所以，就把数字 7 想象成一张周计划表。

数字 8 就像一副黑框眼镜。

看到数字 9，你可以想象着现在你的眼前出现了一个怀孕 9 个月的妇女。

犹太人看到数字 10，或许会很自然地想到《十诫》。

看完以上的介绍，你肯定觉得有些数字的图像完全可以换一换，因为你已经有了自己的想法。当然，我们完全可以有自己的看法和想象。比如，数字 2，你觉得把它转换成一只小鸭子的图像会更形象一点，也更符合你的实际生活；再如，数字 10，你想象的是一个人站在操场上，他一只胳膊夹着一个篮球的图像，或者你想到的是每天早上摆在大碗里的油条和大饼的组合图像——说不定这样想象出来的图像还更容易记忆一点呢。

如果你已经掌握了这套数字转换成图像的系统方法，那接下来可以试着应用一下。比如，现在来记忆一组数字 90215，回忆一下数字 9 对应的图像是什么，对，是一个怀孕 9 个月的孕妇；数字 0 呢，刚刚好像没讲过，没关系，你可以把它想象成任何一个圆形的物体，如菜篮子。现在你要想象着一个怀孕 9 个月的孕妇提着一个菜篮子，她想干什么？

接下来，数字 2 对应的图像是一只可爱的鸭子（或者是诺亚方舟），想象着菜篮子里面有一只十分可爱的小鸭子，这个孕妇提着装有鸭子的菜篮子要去做什么呢？数字 1 对应的图像是长矛或标枪，你可以想象一下，这把标枪正无情地朝小鸭子飞去，怎么办？伤害到小鸭子和孕妇怎么办？情急之下，出现了“捍煞”，即数字 5，这只手掌一把抓住了飞在半空中的标枪，太惊险了！

此外，我们还可以利用这个方法来记忆日常生活中的待办事项。譬如，你列了一张清单，都是明天上街需要采购的必需品：备课本、闹钟、保温杯、大米、拖鞋。如何使用数字转换成图像的记忆系统来记住这些东西呢？

现在伸出你的一只手掌来，试着想象在你的5根手指上各套着一个盒子，即一共有5个盒子，因为你要采购的物品有5件。

接下来，从大拇指开始算起，先打开大拇指上的第一个盒子，这个盒子里放着一本备课笔记本。数字1对应的图像是什么？对，标枪。现在在标枪和备课本之间创造出一个带点荒诞色彩的联想：标枪飞起来后穿透了备课本，结果备课本里的红色墨水字都散落了出来，汇聚成一摊血。

接着打开第二个盒子，里面有一个闹钟。数字2对应的是小鸭子，怎么在小鸭子和闹钟之间建立关联呢？大胆地想象吧！闹钟的声音可不可以设成小鸭子的叫声？想象一下，你每天早上被一群小鸭子的叫声吵醒，是什么感觉？欣喜？烦躁？还是觉得很可爱？

第三个盒子里装着保温杯，数字3是一把叉子，想象着你的叉子被放进装满了开水的保温杯中，几分钟过后当你再去拿那把叉子的时候，你被烫到了！更糟糕的是，为了扔掉手里的叉子，你打碎了保温杯。被烫到的感觉是什么？保温杯被打碎了是不是很心疼？认真想象一下。

继续打开第四个盒子，装满了白色的大米。这把锯子如何和大米联系起来？想象你拿着这把锯子，跟在一个人的后面，那个人的身后背着一袋东西，袋子上写着“大米”两个字。然后你开始恶作剧，举起锯子朝那袋子上悄悄一锯，瞬间，那些白花花的大米就“哗啦啦”地散落出来了……是不是很过瘾呢？

现在，打开最后一个盒子，也就是第5个，里面有一双好看的拖鞋。观察你的整个手掌和五根手指，想象着它们瞬间变成了五根脚趾，短短的，然后想象着人字拖穿在手上的画面，是不是很滑稽？或者特别无聊？

记忆完毕之后，复习几遍。到了第二天上街采购物品时，你需要伸出这只手，然后张开 5 根手指，从第一根手指，即大拇指开始依次回忆这 5 个盒子里都放着什么。注意，这个时候你的手指已经不再是手指了，而是变成了 5 个数字。第一根手指上的盒子里有什么？打开之后你发现一幅有点血腥的图像，内容是一根标枪穿透了你的备课本，旁边还有一摊血迹。打开第二个盒子，里面有一幅图像，一大群小鸭子在大声叫嚷，躺在床上的你抓狂地掀开了被子。打开第三个盒子，你看到了地上破碎的保温杯。打开第四个盒子，你看到恶作剧之后散落在地上的大米。第五个盒子里有一张很无聊的图片，你的手穿着人字拖。

第三节　图像记忆法之锁链法

锁链记忆法其实就是根据右脑的潜能，把图像与图像直接扣在一起，不需要添加任何剧情之类的想象。但前提是，我们的大脑中已经有成形了的图像，在这个基础上再将每个图像像锁链一样连接起来，使之环环相扣，因此也叫环扣法。这个方法充分利用了大脑皮层中潜在的图像、色彩、动感和空间感觉，帮助强化大脑关联皮质的联结。日常生活和工作中的大量琐碎资料，都能够采用该方法轻松记忆，只要你记住了第一个图像，后面的图像不管多少，一般都可以被记忆“打捞”起来，因为它们已经成为一条锁链上的铁环，抓住其中任何一个，就等于抓住了一大串，最终成为我们的长期记忆。

一、打造“记忆锁链”的技巧

为了打造出一条牢固的“记忆锁链”，我们需要充分利用大脑的潜能。美国乔治城大学的研究指出，在高压状态下学习，智商会降低13%，所谓压力是前进的动力，但压力也要适度。尤其是在学习记忆的过程中，要想得到最好的效果，就要学会摆正心态，尽量放松，有助于想象力的发挥。

此外，还要专注，大部分记忆力不佳的人并非真的记忆力不好，而是没有集中全部注意力去记忆。因此，既然想要花时间去记忆，希望得到最佳的记忆效果，那就必须专注。做到放松、专注以后，我们的思绪还要尽可能地简单化，因为过于复杂的思绪会致使记忆堵塞，降低记忆效率。做到以上几点，我们就可以尝试使用以下几个技巧来操作锁链记忆法了。

第一，放大图像。要想让记忆深刻，图像在你脑海中的印象一定要清晰，想象着你正举着一架照相机，然后镜头对准了图像，慢慢拉近，直到你眼前的图像清晰可见，而放大到极致的图像会使你的眼睛观察到细微之处，越细致，该图像带给你的印象就会越深刻。比如，你需要记住“猫”这个字，不要想象着它蜷缩在一个角落里，而是站在阳光下的地面上，眼睛瞪得圆圆的，并紧紧地盯着前面，好像发现了什么目标一样，两只竖起的小耳朵，阳光照在它的绒毛上，像周围环绕着一圈光环一样。细致到“猫”的绒毛，那你脑海中的图像就形象而逼真了。

第二，做到通感。我们已经知道，通感就是将视觉、听觉、嗅觉、触觉、味觉等感官感受相融合，只有这样，在我们脑海中想象出来的图像才会更生动、鲜明，留下深刻印象。在锁链记忆法中，我们需要形成的图像要尽可能多地运用通感。

把想象视觉化，如“荔枝”这个词，看到或听到它时，脑海中要有关于“荔枝”的外形、颜色、大小等视觉上的感官体验。

把想象听觉化，如当“闹钟”这个词出现时，在你的想象中仿佛就能听到清脆的闹铃声。

把想象嗅觉化，如“栀子花”这个词，如果能够使你仿佛闻到了它的香味，那就是成功的想象嗅觉化。

把想象味觉化，拿“荔枝”来说，它会让你在想象它的外形特征时，也一样想象得到它的甘甜爽口吗？想象着你正剥开它，水嫩嫩的荔枝肉入口即化。

把想象触觉化，如“荔枝”的皮光滑吗？不光滑。被“玫瑰花”的刺刺到是什么感觉？这就是想象触觉化。此外，还要把想象中的图像加上动态效果，如“玫瑰花”的花瓣飘落，“苹果”掉在地上后直接滚出很远，“荔枝”从篮子里撒出来的情形等。

第三，运用夸张手法。其实，只要和联想有关的画面，一般都需要做夸张处理，夸张之后的效果不会太单调、太平淡，并且夸张的尺度越大，构成的形象就越具有荒谬性，记忆的效果就越好。

第四，添加色彩对比。色彩鲜明的画面总给人眼前一亮的感觉，亮丽、光彩夺目的颜色能够加深我们的记忆，使印象深刻，便于提取。

第五，化抽象为具象。这是一个值得关注的细节，如何把材料转化为便于我们自己记忆的图像，尤其是那些本身就比较抽象的材料或概念，具体方法见上文。

第六，环扣处需清晰。把想象好的两个图像相连、相扣起来，注意，图像与图像之间一定要有清晰的交集，然后联想交集部分的图像。

第七，不需要使用故事联想法。锁链记忆法并不需要编造有场景的故事，避免受其他信息的干扰，只需把图像两两配对、环扣，位于中间部分的图像是有前后联结的，也就是说，中间的图像与前后的图像一般都有交集。

在将材料图像化的时候，我们需要应用到以上七项中的前六个技巧。而更重要的是，在所有材料都转化成一幅幅图像之后，我们需要把它们进行两两配对、环环相扣的联结，最关键的环节在于对图像交集处的想象，该处的想象就要综合以上七项技巧了。

二、“记忆锁链”的联结举例

下面尝试使用锁链记忆法记忆以下词语：

老张、大山、美女、扇子、气球、农夫、章鱼、出租车、威士忌、南瓜。

试着想象老张用他那健壮的手臂举起了一座大山，而老张的手臂和大山接触的部分，便是交集处的画面了；然后想象这个交集图像。

再想象大山的山顶上坐着一位年轻的美女，大山和美女的臀部接触的部分就是图像的交集处；然后想象这个交集图像。

接着想象美女缓慢地从嘴巴里吐出了一把扇子，扇子越变越大，扇子在美女嘴巴里的图像就是交集部分；然后想象这个交集图像。

想象扇子打在悬浮在空中的气球上，“啪”的一声，气球破了，而扇子打在气球上的时候就是交集的画面；然后想象这个交集图像。

想象气球碎了之后落在一个农夫的头顶上，此时头部与气球接触的部分就是交集的图像；然后想象这个交集图像。

想象这个农夫一脚踩在章鱼身上，农夫的脚和章鱼的身体就是交集部分的图像；然后想象这个交集图像。

想象这时有一辆出租车开过来，章鱼用它的爪子勾住了出租车的轮胎，章鱼爪和出租车轮胎就是交集的图像；然后想象这个交集图像。

想象这辆出租车碾碎了威士忌酒瓶，轮胎和碎了的威士忌酒瓶接触的部分便是交集图像；然后想象这个交集图像。

想象威士忌里生长出了一个黄色南瓜，交集图像就是南瓜浸在威士忌里的部分；然后想象这个交集图像。

以上方法就是锁链记忆法的运作技巧了。此时，细心的读者或许已经发现了，以上词语都是形象性词语，如果换成抽象词语，该怎么办呢？比如，“春天、原谅、观念、疑惑、丰收、艺术”这些抽象词语需要先转化成图像，采用前面提到的六项基本技巧，运用联想、谐音等方法在大脑中创建图像，如“春天”这个词，在你的印象中，能够代表春天的事物是什么？对了，桃花（或柳树）。“原谅”可以采用谐音法、加减法，直接转换成“圆亮”，再变成“（又）圆（又）亮”，什么东西又圆又亮？你肯定第一时间想到“月亮”。“观念”是个很抽象的词，一般说到观念，人们都会想到老年人的一些陈旧观念，所以，不妨用“老人”来替代“观念”。“疑惑”可以直接谐音成“焰火”。“丰收”最容易使我们想到的就是勤劳的农民伯伯，所以，用“农民”来替换“丰收”。一般我们提到“艺术”这个词，脑海中就会出现很多和艺术有关的作品，如油画、缪斯，从中选取一个你觉得最有代表性的物体来象征“艺术”即可。

现在来整理一下：

春天——桃花

原谅——月亮

观念——老人

疑惑——焰火

丰收——农民

艺术——油画

将抽象词语都转化成图像之后，再把这些图像按照顺序进行两两相扣，交集部分的图像就是需要重点想象的地方。譬如，“春天”和“原谅”的联结，即“桃花”和“月亮”接触的部分，你可以想象在月亮上插着一朵娇艳的桃花，那是一幅什么样的图像，你可以尽情地想象；再如，“原谅”和“观念”的联结，即“月亮”和“老人”接触的部分，想象着一位步履蹒跚的老人怀抱着月亮在行走。

遵循以上介绍的方法和规则来运用锁链记忆法，能够将许多信息按顺序记忆下来。当我们启动右脑，按照锁链法将一幅幅图像生动、有趣地联结起来时，左脑也没有闲着，它掌管着这些图像的顺序，协助右脑更好地记忆。

此外，锁链法摆脱了传统死记硬背的记忆模式，我们只需记住和每一个铁环紧扣的下一个铁环，完全可以抛开前面已经记住的内容。譬如，在上面的例子中，记“春天”和“原谅”的图像时，只需记住后面“原谅”和“观念”的图像就行了。也就是说，锁链记忆法在想象图像时，并不需要前后连接，因此也就抛开了故事联想法，这使得记忆负担减轻，并且节约了大量时间。所以，锁链记忆法比较适合记忆那些烦琐而量大的资料。

虽然，我们说使用锁链记忆法时可以忘记前面记忆过的内容，但实际上，锁链里的资料之间是不能断开的。如果断开了，就相当于这条锁链丢失了一环。因此，我们要学会利用资料的“特殊性”，即资料出现的顺序。也就是说，在我们使用锁链法记忆时，需要按照信息原本的顺序输入大脑，不然锁链就有可能断开。

第四节　用图像法记忆书本知识的诀窍

现在我们已经学会了用图像与联结将两个事物关联在一起，并知道了锁链法的使用技巧。下面我们将针对如何使用图像记忆法识记书本知识来做简单的介绍。利用图像记忆法学习书本知识需要七个步骤来完成，即熟读理解、划重点、找关键字、图像化、还原、联结、复习。

熟读理解是记忆任何材料都必须完成的第一步，在熟悉知识的过程中，我们会充分发挥左脑的理解与分析能力，读懂这些文字究竟在说什么，只有建立在理解的基础之上，记忆才更牢固。在这个步骤中，理解的标准是能够找准重点和关键字，通常需要熟读两遍以上。

划重点其实也是压缩知识的过程，一篇文章读过几遍之后经过自己的理解就可以变“薄”。通常来说，一篇文章或一本书的重点要占全文的 15% ~ 20%，剩余的内容基本上都是阐述或补充说明。因此，找重点也是为记忆减轻负担。那么，要如何准确找到重点内容呢？通常情况下，一篇文章的中心句或每段开头、结尾点明主题的句子都可视为重点内容，但并非全篇文章都是如此，有时也会在文章或段落中间部分出现。因此，我们可以在此基础上灵活寻找。

为什么要找关键字？因为这是对材料的进一步压缩，可以用每段开头的那个字或词，也可以是段落中间的字或词，但这些关键字一定要能够使你联想到材料的重点，也叫“索引法”，即用这些关键字来做索引，帮助我们回忆起需要识记的重点。

既然是使用图像记忆法，那就一定要有图像化这一步。主要方法是将在上一步中找到的关键字或关键词进行图像化，图像化的原则就是我们前文中提到的有趣、有情境、夸张、卡通，甚至是荒谬，同时还要让你的图像充满色彩感和空间感，有声音、有层次。图像化的方法需要参考我们前文提到的联想、谐音等。

到了第五步，现在需要还原。所谓还原，就是将在上一步中由关键字联想得到的图像加以还原，标出或回忆出与其相对应的文字，记住了这些文字，也就意味着记住了重点内容。这也是在检验自己的记忆，假如标注出来的文字完全准确，那说明你的图像记忆法是成功的；如果有错误，也不要灰心，可以回到第三步，尝试重新查找关键字或关键词，也可以返回第四步，重新进行图像化，要根据自己的具体情况来定。

顺利闯过了前面五关，现在就开始第六步吧，即联结。要想记住整篇文章的结构和重要内容，我们一定要按照行文顺序加以记忆，即确保每一幅出场的图像都是依照文章顺序的。没错，这里需要用到的就是锁链法，把关键词转化成图像并且还原成功后，我们需要对其进行两两联结，环环相扣，最终连接成一条锁链，只要拎起其中一环，就可以连带拎起整条锁链。

对于一些锁链法的初学者来说，中间任意一环都不能出现中断，否则就会陷入困境。此外，在不熟练的情况下，还不容易回忆其中某一项内容，假如这项内容位于中间部分，那记忆者就要从前面开始一环一环地回忆，比较费时。所以，在对于锁链法使用尚不熟练的情况下，如果图像多、内容烦琐，可以采用其他联结方式，如故事联想法。

如果前面的六个步骤都顺利通关了，最后不妨来复习一下。根据艾宾浩斯遗忘曲线，我们知道，遗忘的速度在记忆完毕初期最快，因此，及时复习才能确保知识在大脑中保存的时间更久一点。破案专家建议，在识记完成之后的 24 小时内复习效果最佳。当然，如果你想把知识作为自己的长期记忆保存在大脑中，那最好是定期复习，如隔 20 分钟复习一次、一天后复习一次、一周后复习一次、一个月后复习一次。

学会了图像记忆法，我们便可以将其拿来为己所用。比如，利用它来记忆电话号码、购物清单、出行计划等。

第七章

破案专家路径记忆法

我们在记忆大量数据的时候，要想把图像无限制地连接下去似乎不太可能，一是回忆的速度会变慢，二是中间不允许出现错误，否则后面的就全部想不起来了。而路径记忆法就不会出现这样的问题，我们可以把需要识记的材料放在一条固定的路径上建立联系，这样只要记得这条路径，那些材料的内容就会马上出现了。当然，这并不是在说图像记忆法不好，它可以用来记忆任何我们想要记忆的东西，而是指，一切记忆法的选择都需要根据识记材料而定，只有适合的才是有效的。并且，路径记忆法其实也是建立在图像记忆法的基础之上的。那么，什么是路径记忆法？我们该如何使用路径记忆法来记忆重要内容呢？

第一节 路径记忆法基本原理

一、记忆术的鼻祖

也许你还有印象，在本书第一章中我们提到过抒情诗人西摩尼得斯的故事。事实上，该故事源于西塞罗的《论演讲》，他在这本书中阐述了古希腊最有名的抒情诗人、绰号“蜂蜜舌头”的西摩尼得斯创建路径记忆法的故事。

大约在公元前 515 年，有一位名叫斯科帕斯的贵族宴客，来自凯奥斯岛的西摩尼得斯也是其中一位被宴请的宾客。当时，他为了向主人表示敬意而吟诵了一首诗，在这首诗中他赞美了天神宙斯的双胞胎私生子，同时也是双子座的守护神，卡斯特和波鲁克斯。

但斯科帕斯虽是富裕而高傲的贵族公子，其言行却并不那么儒雅。后来，他粗暴地告诉西摩尼得斯，原本定好的吟诗酬劳他只能支付一半，另外一半需要他向波鲁克斯索要，因为诗中的赞美也有波鲁克斯的一半。结果，没多久就有两位年轻的男子出现在宴会客厅的外面，要求见西摩尼得斯。西摩尼得斯接到通报之后就走出了客厅，但却没有见到那两个人。事情就发生在那一瞬间，当西摩尼得斯走出客厅的时候，屋顶塌了下来，斯科帕斯同其他的几位宾客全都被压在了废墟之下。

倒塌事件发生之后，国王命人处理现场和尸体。但因为尸体已经面目全非，所以辨认尸体身份成了一大难题。得知西摩尼得斯是现场唯一的幸存者后，国王找到了他。由于西摩尼得斯清楚地记得当时客人们的座次，因此根据他们生前的座次顺序，西摩尼得斯成功地辨认出尸体的身份，国王也找到了其中哪些是自己的亲人。

原来，那两位未露面的年轻人是卡斯特和波鲁克斯，因为西摩尼得斯在诗中赞美了波鲁克斯，所以，在房屋倒塌之前把西摩尼得斯叫出去应当是给他最好的酬劳了。而经历过这件事情之后，西摩尼得斯顿悟出了记忆术的原理，认为是宾客的座次席位安排有序非常重要，否则他也不会很快辨认出尸体的身份。也就是说，安排有序是牢固记忆的基础。

由此，西摩尼得斯创立了位置记忆法，也叫路径记忆法，即要想有好的记忆力，必须选好场所，将需要识记的对象构思成图像，然后再把这些图像井然有序地放在场所中固定的位置上，根据位置的次序来安排识记对象的次序，而那些图像代表的正是识记对象本身。

此后，位置记忆法开始在古代欧洲盛行并于中世纪借助宗教思想家大阿尔伯特和托马斯·阿奎那得以传承下来，距离现在该有上千年的历史了。

之后，人们由这种位置记忆法引申出罗马房间记忆法、身体部位记忆法、汽车部位记忆法等。到了文艺复兴时期，记忆术倡导者把这种记忆方法叫作“记忆宫殿”。据了解，当时很多演讲者在准备演讲稿时，尤其是在记忆演讲的话题时，都会采用这类记忆法。比如，我们今天常说的“第一……”“第二……”之类的说法，都是源于此。还有英语中的“topic”（主题、论题、题目）一词，其实就是源自古希腊语中的“topas”（位置）。

二、路径记忆法原理

或许你已经对路径记忆法有了初步了解，那位美国记者福尔成功变身成为一位记忆超人，获得当年“美国记忆冠军赛”的冠军宝座。其实，路径记忆法也叫位置记忆法，是一种比较传统的记忆术。在古代，它是演讲者们偏爱的一种记忆演讲稿的方法，一度被广泛应用。

到了今天，这种记忆术依旧应用广泛，它只需要我们在大脑中建立一个熟悉的场景，在这个场景中确定一条明确的路线，并且在这条路线上选定一些具有标志性的点。然后在把需要识记的东西进行图像化的基础上，将这些图像按照顺序与这条路线上的各个点对应起来记忆。这样，只要我们记住了这条路线和路线上的定点，就可以随时回忆起与其对应的图像。

那么，路径记忆法究竟是怎么样的一种记忆方法呢？我们该如何使用它来增强自己的记忆力呢？

我们已经知道，人的记忆有短期和长期之分。生活中，我们所吸收的绝大部分信息都属于短期记忆，但当某件事或某句话使我们耳目一新，甚至心灵受到某种震撼时，这些信息就会成为长期记忆被存储在我们的大脑中。长期记忆其实就是一个信息库，我们所有的信息都可以存在那里，需要的时候随时可以检索并提取出来。譬如，你的名字、你的家乡。

试着想象一下，墙壁上有一排挂钩，你可以挂上外套、帽子、包包等物品，此时，挂钩就好比我们的长期记忆，而外套、帽子、包包这些东西就相当于短期记忆，挂钩固定在墙上，而我们挂在上面的东西却是可以改变的。事实上，“路径记忆法”就是把那些储存在我们大脑中的长期记忆当成固定的挂钩，用来挂住那些短期记忆的一种记忆方法。

古罗马著名的演说家马库斯·图留斯·西塞罗曾在其著作《论演讲》中指出，路径记忆法训练者必须要选准位置，在大脑中建立起需要记忆对象的图像，然后再将这些图像放在固定好的位置上，这样一来，位置的顺序就是事物的顺序，而事物的图像也就象征着事物本身。后来，罗马人对这种按照位置来记忆的方法展开研究，并很快将其完善成“轨迹法”，即现在的“路径记忆法”，同时也叫“罗马房间记忆法”。

我们自己住过或正在住着的房间、客厅，它们的结构和里面的摆设，最熟悉这些的莫过于我们自己，沙发、床、书桌等放在什么位置，我们闭着眼睛都能够“看”得到。演说家西塞罗在《论演讲》中对罗马记忆法做了初步阐释，同时也列举了自己的亲身实践。当他站在众人面前，在完全脱离演讲稿的情况下滔滔不绝，这就是他实践成功的有力证明。

事实上，西塞罗利用想象把演讲稿中的话题和自己房间里的物品捆绑在了一起，巧妙地运用“罗马房间记忆法”记住了所有演讲话题。

使用路径记忆法都可以来记忆什么呢？破案专家认为，路径上的点可以用来实现暂时性记忆，如需要马上处理的事情，需要进行短暂记忆的事项等，此时需要建立的路径不必很多，记忆桩也不用太多，并且这些路径还要重复使用；此外，路径上的点还可以用来实现持续性记忆，当某部分信息需要长时间存储在我们的大脑中时，可以通过路径记忆法将其转化为长期记忆，而在这种情况下就需要根据记忆的任务来创建多条路径了。

第二节　创建记忆路径的原则

其实，我们在使用罗马房间记忆法时并不仅仅局限于房间，能够帮助我们记忆的路径或轨迹可以是任意一条熟悉的道路或场景。比如，你以每天早上出门必经的那条路作为记忆的路径，一路上你经过的具有标志性的站点包括：大铁门、转盘、红色屋顶、广告站牌等；也可以用你房间的格局家具，穿衣镜、梳妆台、木制衣柜、大床、落地窗、电脑桌等。但无论如何，都要确保这条路径是你最熟悉的，熟悉到不用思考就可以知道下一站是什么。而除了要熟悉之外，你创建的路径还必须符合以下条件：

1. 路径上的记忆桩要独具个性。路径上的每一个站点都可以称为记忆桩，而这些记忆桩之间必须存在明显的差异性，否则，将会出现混淆的局面，导致记忆出现误差和错位。德国心理学家冯 · 雷斯托夫曾做过一个实验，主要目的是研究人类最容易记住的东西究竟是什么，结果发现那些个性化的事物最容易被牢记。

所谓个性化，主要是指事物的形状、颜色、性质特征等与周围事物有强烈的反差。也就是说，在你所选择的路径上，记忆桩一定要足够典型和富于变化，尤其是同一条路径上。反过来，假如你发现某条路径上的记忆桩有太多类似，这就表明，你需要重新寻找另外一条路径了。

2. 路径要有足够的趣味性。比如，你选择的一条路径是通往城镇的，这条路肯定是四通八达的，一路上有许多建筑，你可以随时走进去坐一坐或逛一逛，最好还可以跨过一座小桥，过桥之后你要穿过一个拱形的石门，里面有一家古典式的咖啡馆，你可以进去坐下来喝杯咖啡，然后出去了还能看到一座艺术雕塑……如果这些都是你经常去的地方，那么这条路径就是成功的，因为路上的记忆桩独具个性，而且途中也充满了各种趣味，你可以十分轻松地记住这条路径上的每一个有趣的地点。

3. 选好你的记忆桩。路径上的各个点在空间上都应该绝对明确，都有固定的位置和顺序，位置不可随意变动（所以，那些可以移动的点最好第一时间排除)，在使用的时候要确定好它们的出场顺序。另外，记忆桩之间的距离也要适当，不能太远，否则各个记忆桩的顺序在大脑中就会变得不清楚；也不能太近，太近会造成图像重叠，干扰我们的记忆。西塞罗建议的距离是 9 米，而你可以根据自己的情况，2 米或 10 米都可以。还有一点也比较重要，就是所选择的记忆桩一定要是存在于人们正常的视野之内的事物，在回忆的时候不需要刻意抬头或低头就能发现的对象。

4. 与记忆桩来点互动。路径上的记忆桩必须是你非常熟悉的事物，但如果仅仅是视觉上的熟悉还不够，你需要与它们展开其他感官互动。破案专家认为，需要把记忆桩看成一个有感情和情绪的人或小动物，把抽象的场景转化成有悲有喜的画面。譬如，你选择了一条童年记忆中的小路，其中有几个令你印象非常深刻的“记忆桩”，菜园、小河、电线杆上的喇叭、垃圾站，这是你上学路上必经的几个站点。

菜园里有你爱吃的香瓜，记得有一次上学前你因为摘香瓜而被妈妈打了屁股；你最爱在小河里游泳，每天都盼望着早点放学溜到河里去；电线杆上的喇叭是你最讨厌的东西，每天早上七点准时响起，它一响妈妈就会拉你起床；垃圾站呢，总有一股恶臭的气味，好几次都差点把你刚吃完的早餐给熏了出来。于是，菜园让你感到屁股在疼，小河使你充满力量，电线杆上的喇叭让你反感，垃圾站使你恶心。有了这些感官上的互动，你的“记忆桩”才能更加牢固。

5. 选择最适合识记材料的路径。如果用道路来形容路径的话，那就有宽广和狭窄之分，有的道路四通八达，周围建筑物繁多，路面宽阔，而有些道路就比较狭窄、幽静。因此，究竟选择什么样的道路还需要根据识记材料来决定，如你要记忆的是一篇短小精悍的散文，那最好选择一条你熟悉的而且又比较幽静、别致的小径；但如果是一篇上万字的演讲稿，就尽量使用宽阔通达、周围有不少标志性建筑的道路，或者是选择房间结构或摆设来作为记忆的路径。

6. 固定路径视角。我们都知道，有些时候如果所处的位置有变动，看到的事物就会不太一样。同样的道理，假如不希望在每次使用路径时出现记忆桩混淆的情况，除了要避免记忆桩本身具有相似性之外，还要确保我们每次都是站在同一个视角去观察它们的。也就是说，观察记忆桩的视角应该是人在自然状态下的一般视角。

7. 确保时间恰当。时间是指在你的想象中，从路径的一个记忆桩到下一个记忆桩需要的时间，这是确保路径质量的关键，一般以少于半秒钟为最佳。这样一来，假如你设定了 10 个记忆桩，那么，在你的脑海中全部走完只需 5 秒的时间。

第三节　房间路径记忆法举例

对我们每一个人来说，家是这个世界上与我们关系最为亲密的角落。不但熟悉，而且有着深厚的感情，家中的一切都深深印刻在我们的脑海中。所以，如果以家中的房间及其构造和摆设来作为记忆的路径的话，对任何人来说都不会是一件难事。

现在拿出一张纸和一支笔，选择你家中最有典型性的房间，如卫生间、卧室、客厅、厨房，这几个房间的顺序可以按照你的习惯来定。

你每天早上从卫生间出来，经过卧室到达客厅，从客厅出来之后看到的是厨房。所以，第一个房间可以定为卫生间，第二个房间是卧室，第三个房间是客厅，第四个房间是厨房，可以看作记忆路径上的四个大的记忆桩。

现在想象着自己正在卫生间里，选择里面体积较大的几样物品，如浴缸、毛巾架、淋浴室、洗衣机、马桶，确定它们的摆放顺序是从你的左（右）手边开始依次出现的，现在它们就可以成为卫生间这条路径上的五个小的记忆桩了。注意，这里如果是由左手边开始数物件，那其他的几个房间最好也保持一致。

然后走出卫生间，到达卧室。在卧室里从你的左手边开始，选择几样大体积的物件，如梳妆台、穿衣镜、衣柜、电脑桌、大床，这是卧室这条路径上的五个小的记忆桩。

走出卧室就到了客厅，还是从你的左手边开始，依次出现沙发、书架、万里长城刺绣图、电视机、冰箱，这些可作为客厅这条记忆路径上的五个小的记忆桩。

出了客厅就是厨房了，在厨房里有碗柜、微波炉、煤气灶、案板、水槽。同样，这些是厨房这条记忆路径上的五个小的记忆桩。

然后你会发现，你一下子建立了 20 个小的记忆桩。如果你把它们都记在了纸上，现在可以闭上眼睛，在你的脑海里把这些地点都重新“走”一遍，并仔细地想象其中每一个记忆桩的图像，如梳妆台，回忆一下它的整体大小和颜色，桌面上都摆放着什么化妆用品，有几个小抽屉等。确定已经把这些路径和记忆桩都牢牢记在了心里，并且那些路径上出现的物件顺序也不能出现错误。如果有必要，还可以从最后一个物品开始回忆，真正做到“倒背如流”。

如果你的手边刚好有一份待办清单，上面有4个选项，就可以使用卫生间、卧室、客厅、厨房这四个大的记忆桩来帮助记忆，或者选择其中一个房间作为记忆路径；如果你手上的清单上刚好有20个选项，那么，这条房间路径就完全派上了用场。

在日常生活中，很多需要立即处理的事情，如果不是特别忙，或者条件不允许，一般都可以马上做好；但如果遇到特殊情况就要延迟处理。也有些事情属于计划之内的待办事项，如明天需要处理的事情有“去邮局交水电费、为同事的女儿准备生日礼物、去图书馆还书”，还有“下周五晚参加生日派对”等。于是，为了记住这些事情，避免出现遗忘，人们通常都会选择列清单的方式，或者是在日历上标注出来，或者是使用手机提醒功能等。然而，今天我们不妨尝试使用路径记忆法把这些待办事项记在大脑里。

下面再回忆一下刚才建立起来的路径，“卫生间、卧室、客厅、厨房”以及这四个房间里都有哪些物件。假设“明天去邮局交水电费、为同事的女儿准备生日礼物、去图书馆还书”和“下周五晚参加生日派对”这两份清单就是你现在需要记住的内容。那接下来，我们把“卫生间、卧室、客厅、厨房”看作四个文档，试着把“明天去邮局交水电费、为同事准备生日礼物、去图书馆还书”放在“卫生间”这个文档中，代表明天需要处理的事情；把“下周五晚参加生日派对”放在“卧室”这个文档里。

“卫生间”里从你的左手边开始，第一件物品是什么？对，浴缸。现在开始把浴缸和明天需要处理的第一件事“去邮局交水电费”

联系起来，此时，依然需要联想和创建令你难忘的图像。想象一下，你躺在浴缸里，周围的水面上漂着许许多多绿色和红色的钞票——你正在泡着“钞票浴”，是不是很不可思议？这样的画面令人感到多么兴奋和刺激啊！因此，你成功地将浴缸和缴费这件事联系在一起了。

以此类推，将卫生间里的第二件物品毛巾架和买礼物的事联系起来，你可以想象在毛巾架上有许多蠕动的毛毛虫（因为你打算买的礼物其实就是一只毛毛虫的毛绒玩具）。这幅画面使你感到恐惧，但它们居然跳着动作一致的舞蹈，还唱着生日快乐歌；接着是卫生间里的第三件物品淋浴室，想象着你打开淋浴室的门，看到里面堆满了被淋湿的书籍，你被惊呆了，同时也为无法跟图书馆交代而感到焦虑和沮丧，于是，你记住了去还书这件事。而对于“下周五晚参加生日派对”这件事，可以采用同样的方法来记忆。

另外，生活中的我们也不可避免地要遇到一些“突发性必须记忆”。所谓“突发性必须记忆”，其实就是我们在知道自己该做某件事时，却因为条件不允许而不得不另改时间。譬如，你正在和朋友通话，却忽然想到还有一份重要的文件忘记交给领导了；下班的路上，你忽然记起晚上需要去李四家取回放在那里的外套；和你的客户正谈得投机时，手里却接到下属送过来的一份必须尽快检查的发货清单……这就好比，正当你非常想打个电话问候一下你的父母亲时，却发现手机忘记充电了。

在这种情况下，同样可以采用房间路径记忆法给自己做一份备忘录。现在打开你大脑中的第三个房间“客厅”的门，用这个文档来储存这些突然想起来的任务。以上面的例子来说，你忘记把那份重要的文件交给领导了，此时，你可以从“客厅”中找到第一件物品“沙发”，想象着你的领导正坐在上面，满脸怒气，握着的拳头正狠狠地顶着沙发，你可以看到两个被拳头压住的凹陷下去的部分；下班路上忽然想起要去李四家取外套，现在你可以取出客厅里的第二件物品“书架”，想象书架上挂着你的外套，而李四先生正十分滑稽地站在书架顶上，他朝你喊：“嘿，朋友，赶紧把你的外套拿走，放我下来！”和客户谈得正投机时，下属送来一份必须尽快检查的发货清单，现在就找出客厅里的第三件物品吧——万里长城刺绣图，想象这份发货清单被风吹到了万里长城上面，等待收货的人正追着它沿着长城奔跑。

之后，需要把“客厅”内的物品按顺序重新在脑子里过一遍。这个时候，你看到的“沙发”“书架”“万里长城刺绣图”就会成为提醒你处理某件事的“备忘录”。于是，你在结束了通话之后，以最快的速度将文件送给了领导，回家之前你赶到李四先生的家拿回了外套，当然，你肯定也及时地检验了发货清单，好使收货人不用在长城上继续奔跑。

使用路径记忆法记忆这些待办事项的关键就是，将需要处理的事情转换成画面清晰的图像，用夸张、荒谬的方式按顺序把这些图像和路径上的记忆桩捆绑在一起，创建出令人印象深刻的奇怪画面。

另外，和房间路径记忆法原理类似的还有身体路径法，即用我们最熟悉的身体部位来设定记忆路径，如我们可以将身体各个部位由上到下依次梳理为：头、额、左眼、右眼、鼻子、嘴巴、腹部、背部、左肩、右肩等，或者是头发、眼睛、鼻子、嘴巴、胸膛、手臂等。不管如何划分，其原理都是一样的，只不过场景发生了变化。然后再将那些需要记忆的材料依次固定在身体部位上加以记忆。譬如，想象在你的头顶上有一只螃蟹，额头上贴着张学友的照片，嘴唇上悬着一台手提电脑，腹部有一架直升飞机等。

第四节　数字、字母路径记忆法举例

一、数字路径记忆法

还记得我们在前言部分为您介绍的埃米丽的故事吗？美女间谍

埃米丽接到任务，窃取敌方机密文件。为了接近敌人，埃米丽使用美人计迷惑格雷迪，并在赢得其信任之后多次设法窃取文件。但因该机密文件被存放在格雷迪书房内的密码箱内，并且密码箱带有防盗报警装置，埃米丽必须成功破解密码，才能在不惊动格雷迪的情况下盗取文件。

多次尝试失败之后，埃米丽受到书架顶部的摆钟启示，当时是凌晨 1 点 30 分，而摆钟上的刻度却是“10 时 35 分 50 秒”，这引起了埃米丽的注意。后来，她凭借着自身超凡的记忆技巧，用与格雷迪相同的记忆思维模式，成功破解了密码箱的密码。现在，你一定对埃米丽用来破解密码的方法充满了好奇——没错，她运用的正是数字路径记忆法，也叫数字编码记忆法，只要把需要记忆的内容与自己容易记忆的数字挂上钩即可。

所谓数字路径记忆法，就是把数字当作固定在墙上的衣架，而需要识记的资料就是挂在衣架上的衣服。在使用数字路径法时，我们可以根据数字本身的形状、发音，使用联想、想象等手段创建出一套图像。譬如，从 0 到 100、从 1 到 99，给它们创建一套只属于我们自己的图像系统，在记忆的时候作为“衣架”使用。

前面我们已经介绍过一套“数字—图像记忆系统”，也许你还记忆犹新，如数字 1 的图像可以想象成一支矛或一根标枪，数字 2 可以想象成小鸭子或诺亚方舟的图像，把数字 3 想象成一把叉子等。当然，你也可以使用谐音法，如数字 0 可以谐音为“（鱼）鳞”或“（山）岭”，数字 16 可以谐音为“石榴”。不管数字最终被转换成什么图像，都要以便于记忆为主，并且图像的画面越生动越好，越荒谬就越容易记住。

假如现在有一组词语“花蓝、眼镜、公交车、手提包、放假、苹果、湖泊、猫、二胡、老人”，使用数字路径记忆法该如何操作呢？首先，你可以把这些词语由第一个开始进行排序，即“1. 花篮、2. 眼镜、3. 公交车、4. 手提包、5. 放假、6. 苹果、7. 湖泊、8. 猫、9. 二胡、10. 老人”。

其次，在给这些词语标完数字符号之后，闭上眼睛在脑海里将 1 ~ 10 这 10 个数字的图像按顺序回想一遍。譬如，现在你正回想到数字 1，该数字所对应的图像是标枪，现在想象一支标枪上挂着一只装满了五颜六色鲜花的花篮，这样就可以记住第一个词是“花篮”；而当回想到数字 2 时，你想象着有一只可爱的小黄鸭戴着一副黑色边框、镜片厚厚的眼镜，原来它是一只高度近视的鸭子，于是，你成功地记住第 2 个词语是眼镜；当你回想到数字 3 时，你看到的是一把亮亮的叉子，叉子插在一辆行驶中的公交车上……

在这个例子中，你还可以使用身体路径法，想象在你的头上有一个花篮，你正卖力地保持平衡，好使这些美丽的花儿能顺利地送到你心仪的女孩儿面前；再想象你的额头上有一副眼镜，那是你用来耍酷的手段……

事实上，在使用数字路径记忆法时，我们需要联想、创建图像，还要把我们脑海里的那些图像进行搭配和组合，在它们之间建立联系。在这个过程中，联想法、图像法、锁链法也参与其中。

数字路径记忆法还可以用来记忆长串数字。譬如，“212344”，我们可以把它分成“21，23，44”，再找出它们之间的关系。很快，你就会发现“21 + 23 = 44”这个规律。

再如，“5028841971”，先将其拆分成“50，28，84，19，71”，再把这5个数字分别谐音处理为“武林、恶霸、巴士、衣钩、机翼”，接着就可以在脑海中想象这些词语的图像或故事，再将它们用数字1～5来编码，然后把数字1～5的图像分别与其对应的记忆图像联系起来即可。当然，这个长串数字在拆分和谐音处理之后，也可以用故事联想法，想象成“一个武林恶霸搭乘着一辆巴士，他的手里拿着衣架，肩上扛着机翼”。

二、字母路径记忆法

和数字路径记忆法相类似，唯一不同的是，字母路径记忆法是用字母作为记忆的路径。我们已经知道，把需要识记的对象用数字编好码，再将其对应的联想图像联系在一起记忆。而如果你不愿意用数字编码，用字母也未尝不可，这里的字母其实就是26个英文字母。

和数字路径记忆法一样，我们首先要给这26个英文字母设置好一套图像。专家推荐使用的方法是，根据字母发音，选出开头字母发音与其相同或相近，并且便于记忆的基本记忆图像。具体如下：

A—apple（苹果）

B—bee（蜜蜂）

C—cow（奶牛）

D—dog（狗）

E—eagle（雄鹰）

F—fish（鱼）

G—gun（枪）

H—hat（帽子）

I—ice（冰块）

J—jacket（夹克）

K—King（国王）或 cat（猫）

L—letter（信件）

M—man（男人）

N—nose（鼻子）

O—orange（橘子）

P—pig（猪）

Q—Queen（皇后）

R—rabbit（兔子）

S—snake（蛇）

T—tiger（老虎）

U—UFO（不明飞行物、飞碟）

V—visacard（信用卡）

W—wolf（狼）

X—X’mas tree（圣诞树）

Y—young（年轻人）

Z—zebra（斑马）

这些字母转化成相应的有意义的单词之后，其具体的图像在我们的脑海中已经出现，它们都是可以直接想象出来的物体，不需要再进行转化。在使用字母路径记忆法之前，这套图像一定要在脑海中保存好，做到一想到某个单词，就可以毫不犹豫地想起其对应的图像。在想象这些图像时，注意其生动性、趣味性，夸张的和荒谬的画面则更容易记忆。

比如，字母 A 就像一个红红的大苹果，香脆可口；字母 B 就像一只勤快的小蜜蜂，一天到晚到处采蜜；字母 C 的发音酷似 sea（大海），但在想象其具体物象时，以奶牛最为形象，想象着奶牛撑着它那圆鼓鼓的大肚子，那大大的肚子像极了字母 C；而字母 D 的发音可以直接谐音为 dog。

现在想象着从苹果里飞出一只蜜蜂来，此时，蜜蜂狠狠地蛰了一下奶牛的肚子，奶牛痛得跳起来，踢到了一边的小狗。就这样，你可以用自己的想象把这套字母图像对应起来记忆。它们是路径上的 26 个记忆桩，反复回想这些字母所对应的图像，直到可以“倒背如流”，并且提到其中任何一个字母，你都能够想起来它所对应的图像。

在记住了字母图像的前提下，我们在使用时只需把识记对象的图像按顺序依次“挂”在上面加以记忆就可以了。譬如，现在你需要记忆“石头、面包、板鞋、文件夹、修正液、椰子、正义、广场”这一组关键词。首先，你要用字母把这些词语进行编码——A．石头、B．面包、C．板鞋、D．文件夹、E．修正液、F．椰子、G．正义、H．广场。

然后想象石头与 apple 苹果共存的画面，在一块石头上长出一个红红的大苹果，一只蜜蜂抱着一块面包飞来飞去，奶牛的脚上穿着一双板鞋，一只小狗怀抱着一大叠文件，表情沮丧，此时，一只雄鹰嘴里叼着一盒修正液在天空中修改着什么，椰子里跳出一条鱼来，人民警察举着手枪，他们是正义的化身，在广场的栏杆上挂满了五颜六色的帽子。

事实上，和数字、字母路径记忆法用法相同的还有十二生肖路径记忆法和十二星座路径记忆法。例如，十二生肖路径记忆法，其实就是将中国十二生肖作为记忆的路径，即鼠、牛、虎、兔、龙、蛇、马、羊、猴、鸡、狗、猪。只要我们记住了它们的顺序，再将需要识记的材料依次与之对应想象即可。

第五节　数字路径法记忆扑克牌训练

要想尽快地牢记一副扑克牌，或者你也想去参加一场记忆扑克牌的比赛，最好还是使用路径记忆法。破案专家通常都是记忆扑克牌的高手，他们认为，快速记忆能力的关键是联想能力和编码能力，而记忆扑克牌训练实际上就是在某种程度上提升这两种能力。破案专家以切身经验告诉我们，在短时间内记忆一副扑克牌，你会从中体验到快速记忆的整个过程以及它究竟是如何影响着我们的记忆效率的。

事实上，记忆扑克牌的训练过程不仅要用最基本的数字路径记忆法，还有联想法和图像法的综合运用。在这个过程中，想象力将会得到极大的锻炼，帮助我们进一步开发右脑潜能，全面提高我们的学习能力、创造能力，乃至艺术感受力。

下面，就开始记忆扑克牌的训练吧！现在准备一副扑克牌，要拿走大、小王，所以，你的手里最后会剩下52张牌。接下来，就用数字给这52张牌进行编码，然后再像记忆数字那样去记住它们。转换成数字的方法其实不止一种，你可以尝试用自己的方式去转换；当然，你也可以不转换，直接将它们变成自己喜欢的卡通图像或某个人物也行。总之，以便于自己记忆为主。

1．52张扑克牌的对应编码准备工作

我们都知道，这52张扑克牌分为两类，一类是纯数字牌，即数字1～10，另一类是人物牌，即J、Q、K，此外，还有黑桃、红桃、草花、方块四种牌面的区分。破案专家的做法是：黑桃表示十位数的1，因黑桃图像的下半部分看上去像1；红桃表示十位数的2，因为红桃图像的上半部分的弧形很接近2；草花表示十位数的3，因为草花是用3个半圆组成的；方块表示十位数的4，因为方块有四个拐角。

这样一来，黑桃1就可以转化成数字11，黑桃2可以转化成数字12，黑桃3就是13，红桃1表示21，红桃2表示22，红桃3表示23；草花1表示31，草花2表示32；方块1表示41，方块4表示44，其他的以此类推。对牌面是10的扑克牌，可以直接将其视为0。比如，红桃10转化成数字就是20，草花10转化成数字就是30。而对于人物牌，需要我们相应地加上40。譬如，草花J，如果按照我们刚才的方法得出的数字应该是41，那么加上40以后就变成了81。

掌握了方法之后，52 张扑克牌与其相应的数字编码也就出来了，根据数字编码而转化成的图像如下：

黑桃 1——11（筷子）

黑桃 2——12（婴儿）

黑桃 3——13（医生）

黑桃 4——14（药师）

黑桃 5——15（鹦鹉）

黑桃 6——16（杨柳）

黑桃 7——17（义旗）

黑桃 8——18（篱笆）

黑桃 9——19（药酒）

黑桃 10——10（衣领）

黑桃 J——61（轮椅）

黑桃 Q——62（柳儿）

黑桃 K——63（留声机）

红桃 1——21（二姨）

红桃 2——22（情侣）

红桃 3——23（耳塞）

红桃 4——24（盒子）

红桃 5——25（二胡）

红桃 6——26（河流）

红桃 7——27（鹦鸡）

红桃 8——28（耳耙）

红桃 9——29（二舅）

红桃 10——20（耳环）

红桃 J——71（蜥蜴）

红桃 Q——72（企鹅）

红桃 K——73（鸡蛋）

草花 1——31（鲨鱼）

草花 2——32（仙鹤）

草花 3——33（咸蛋）

草花 4——34（绅士）

草花 5——35（珊瑚）

草花 6——36（香炉）

草花 7——37（山溪）

草花 8——38（舢板）

草花 9——39（散酒）

草花 10——30（森林）

草花 J——81（蚂蚁）

草花 Q——82（白鹅）

草花 K——83（白沙）

方块 1——41（司机）

方块 2——42（事儿）

方块 3——43（死神）

方块 4——44（狮子）

方块 5——45（食物）

方块 6——46（石榴）

方块 7——47（石器）

方块 8——48（腮帮）

方块 9——49（四舅）

方块 10——40（司令）

方块 J——91（秋衣）

方块 Q——92（球儿）

方块 K——93（救生圈）

记住了以上编码和图像之后，现在开始设置数字记忆桩，FBI 选择了 13 个数字记忆桩及其所代表的图像，分别为：

1——鱼

2——鹅

3——伞

4——蛇

5——虎

6——牛

7——鸡

8——马

9——酒

00——眼镜

01——树

02——铃儿

03——耳朵

（以上所提供的图像可供参考，您也可以自己联想，建立属于自己的图像。）

这13个数字记忆桩是固定的，要在你的脑海里熟练地记住。接着，你需要再复习一遍每张牌所代表的相应图像。该套训练法需要遵循的记忆法则是：在记忆的时候按照顺序把这52张扑克牌每4张一组放在13个数字记忆桩上，同时也不要忘了将4张牌所代表的图像与相应的数字所代表的图像放在一起加以联想，建立联系。

2. 熟练记忆数字编码及52张扑克牌

以上工作完成之后，可以进入接下来的训练了。目标是完全熟练地记忆以上数字编码，争取能够在一分钟以内按照原有顺序背诵下来；熟悉这52张扑克牌，并找到每张牌的图像记忆点。

在这个过程中我们需要仔细比较每张牌的相似和不同之处，找到便于记忆的记忆点，不管是数字牌，还是人物牌，都应该从牌面的整体图像上寻找其特有的记忆特征，然后用这个特征与相应的编码加以联结，直到你一看到这张牌就可以在脑海中直接浮现出它所对应的图像为止。当然，你还可以将相同数字的不同花色牌摆在一起记忆，通过比较它们之间的异同点，进而找到记忆点，再与其邻近的数字牌比较一番，找到它们各自的记忆点。

在你完全记住了52张扑克牌及其对应的编码之后，再进行计时训练。

3. 读牌练习

通过上一步的训练，我们已经能够在一分钟以内记住所有的编码及其对应的图像，那么，接下来的训练目标就是：在一分钟内读完52张扑克牌，要求是能够迅速辨认出每张扑克牌所对应的编码，而它们所对应的图像暂时不用回想。鉴于此，我们需要在30秒内背出52张扑克牌及其所对应的编码来。

在读牌练习的过程中，你可以用左手握住扑克牌，左手大拇指负责将每张读完的扑克牌推到右手去。而在读牌的时候需要将每张扑克牌完整显示出来，便于我们以最快的速度看到每张牌的记忆点，必要的时候还可以根据牌面左上角的图标辅助我们辨认，甚至可以不用洗牌，注意这是在尚未熟练的情况下。而熟练之后，只需扫一眼就可以辨认出记忆点来。千万不要小看了这个读牌的过程，这是帮助我们记忆的重要环节。为了加深印象，你也可以大声地读出来，如果发现有辨认度较难的牌，可以单独抽出来练习，直到熟练为止。

4. 想象练习

不管你什么时候有时间，都可以进行这一步训练，目标是：第一，在不需要翻牌的情况下，一分钟以内将 52 张扑克牌的图像在脑海中全部回忆一遍；第二，在 100 秒钟之内想象出 52 张牌所对应的编码图像；第三，通过想象，将任意四张牌与一个数字记忆桩加以联结，找到每一个数字记忆桩的想象模式。

注意，在大脑中翻牌时，我们脑海中浮现出来的扑克牌的图像和每一张牌对应的编码图像需要做到清晰、生动，最好有鲜明的色泽对比，仿佛图像就摆在眼前。在想象的时候，需要放松身心，闭上双眼，在刚开始训练的时候，不需要有任何压力，怎么记忆方便就怎么记忆，等达到了熟练的程度之后，再开始使用计时器。

破案专家建议，要想提高记忆的速度，首先应该对每张扑克牌的图像印象深刻，即使闭上眼睛也依然能够想象得出每张牌所对应的图像；其次是熟练记忆和想象那 13 个数字记忆桩；最后就是我们在建立每 4 张扑克牌和一个数字记忆桩之间的联结时，想象清晰，画面鲜明。这是三个比较关键的环节，也是决定我们记忆一副扑克牌所需时间长短的重要因素。其中，在每个数字记忆桩上放四张牌时，要留意这四张扑克牌的先后顺序，我们在脑海中建立起的联结如果是画面，就要做到上下有序；如果是动作，就要做到先后有序。

5. 记住整副扑克牌

如果前面的训练你都十分顺利地完成了的话，那就表明你已经有了非常良好的记忆基础，现在再开始记忆整副扑克牌，应该也不会有太大的困难了。如果我们的终极目标是在 5 分钟内记住整副扑克牌，假如前面的读牌时间和在大脑中回想数字记忆桩的时间合在一起不超过两分钟的话，那么，只要能够把联结数字记忆桩和纸牌的时间控制在 3 分钟之内，5 分钟的目标绝对可以实现。

6. 联结 52 张扑克牌训练

这种联结训练类似于锁链法。训练的过程中，我们可以把这 52 张牌平均分成 13 组，每 4 张一组。然后通过联想、想象把每一组的 4 张牌联结起来；也可以分成 4 组，每组 13 张，然后通过联想、想象把每一组的 13 张牌联结起来。通过这项联结训练，可以提高我们在联结这个环节上的能力和速度。最后，拿出计时器，争取在两分钟以内翻牌并且对每 4 张一组的扑克牌进行想象联结；在 3 分钟以内使用 13 个数字记忆桩来记住整副扑克牌。

值得注意的是，整个记忆扑克牌的训练并不需要我们在一天或两天之内完成，根据每一个步骤的要求和难度，可以将任务分开进行。比如，我们可以花两天时间来完成 52 张扑克牌的对应编码准备工作，每天坚持进行 2 个小时以上的练习，可以见缝插针，也可以集中时间训练。之后再开始进行熟练记忆编码和 52 张牌的训练，总体得视情况而定，并且要因人而异。

这个过程需要坚持，不能中断，如果你中间有一天没有进行训练，那么，前面所有的内容都有可能需要你重新记忆。不管怎么样，在开始训练之前，你都需要给自己设定一个时间，如在三个星期内完成整个记忆扑克牌的训练。那么，根据训练的步骤和目标要求，我们需要划出阶段性任务，并且留出时间来进行强化复习训练，以便保证训练在三个星期内达到预期的目标要求，这是关于时间分配的问题。

此外，在这个过程中，也需要我们及时发现问题，一旦发现有薄弱环节，一定要立即加以强化训练。千万不能妄图一口吃成胖子，记忆训练是个循序渐进的过程，还需要我们有耐心和毅力坚持才行。

最后，当你大功告成以后，就可以在朋友或同事面前露一手了——拿出一副扑克牌，可以让他们洗好，洗完之后你接过来花 5 分钟时间一张张看一遍。结果，你从头到尾，甚至是从尾到头地将整副扑克牌都按顺序说了出来；并且，对方从中任意抽出一张扑克牌来，你都可以说出它是第几张！

图书在版编目（CIP）数据

破案神探：过目不忘的超级记忆法 / 艾琳著 . —2 版 . —北京：中国法制出版社，2020.6

ISBN 978-7-5216-0887-8

Ⅰ . ①破… Ⅱ . ①艾… Ⅲ . ①记忆术 Ⅳ . ① B842.3

中国版本图书馆 CIP 数据核字（2020）第 029077 号

策划编辑：孙璐璐（cindysun321@126.com）

责任编辑：王悦（wangyuefzs@163.com） 封面设计：汪要军

破案神探：过目不忘的超级记忆法

PO'AN SHENTAN: GUOMU BUWANG DE CHAOJI JIYI FA

著者 / 艾琳

经销 / 新华书店

印刷 / 河北鑫兆源印刷有限公司

开本 / 710 毫米 ×1000 毫米 16 开 印张 / 13.5 字数 / 149 千字

版次 / 2020 年 6 月第 2 版 2020 年 6 月第 1 次印刷

中国法制出版社出版

书号 ISBN 978-7-5216-0887-8 定价：39.80 元

北京西单横二条 2 号 邮政编码 100031 传真：010-66031119

网址：http://www.zgfzs.com **编辑部电话：010-66034985**

市场营销部电话：010-66033393 **邮购部电话：010-66033288**

（如有印装质量问题，请与本社印务部联系调换。电话：010-66032926）